知识生产的原创基地
BASE FOR ORIGINAL CREATIVE CONTENT

颉腾商业
JIE TENG BUSINESS

种子

走出迷茫，找到人生和工作的意义

[美] 乔恩·戈登 (Jon Gordon) 著

刘思朗 译

The Seed

Finding Purpose and Happiness in Life and Work

中国广播影视出版社

图书在版编目（CIP）数据

种子：走出迷茫，找到人生和工作的意义 /（美）乔恩·戈登著；刘思朗译. -- 北京：中国广播影视出版社, 2021.9

书名原文：The Seed

ISBN 978-7-5043-8680-9

Ⅰ.①种… Ⅱ.①乔… ②刘… Ⅲ.①人生哲学 - 通俗读物 Ⅳ.① B821-49

中国版本图书馆 CIP 数据核字 (2021) 第 162349 号

Title:The Seed: Finding Purpose and Happiness in Life and Work by Jon Gordon, ISBN:9780470888568

Copyright © 2011 by Jon Gordon. All rights reserved.

All Rights Reserved. This translation published under license. Authorized translation from the English language edition, published by John Wiley & Sons. No part of this book may be reproduced in any form without the written permission of the original copyrights holder.

北京市版权局著作权合同登记号　图字：01-2021-2747 号

种子：走出迷茫，找到人生和工作的意义

[美] 乔恩·戈登　著

刘思朗　译

策　　划	颉腾文化
责任编辑	余潜飞　谭修齐
责任校对	张　哲

出版发行	中国广播影视出版社
电　　话	010-86093580　010-86093583
社　　址	北京市西城区真武庙二条 9 号
邮　　编	100045
网　　址	www.crtp.com.cn
电子信箱	crtp8@sina.com

经　　销	全国各地新华书店
印　　刷	文畅阁印刷有限公司

开　　本	889 毫米 ×1194 毫米　1/32
字　　数	56（千）字
印　　张	6.75
版　　次	2021 年 9 月第 1 版　2021 年 9 月第 1 次印刷
书　　号	ISBN 978-7-5043-8680-9
定　　价	59.00 元

（版权所有　翻印必究·印装有误　负责调换）

推荐序
Foreword

寻找人生使命的迹象

当我轻轻地翻开乔恩·戈登的《种子》,"成为种子,尽己所能,剩下的,上帝自有安排!"跃入眼帘,我的心怦然一动。

《种子》到底揭示了什么?一切解答,都与人生意义有关。

一个人从出生那天开始就走向死亡。既然人生的终点注定是死亡,那么,活着的意义是什么?既然不论得到什么,终将一日要失去——包括自己——那么,我们每日忙忙碌碌,追求的到底是什么?

《种子》这本书将会告诉你答案。它讲述了一个关于探索人生意义与使命的故事。

把发现人生意义、完成人生使命当作人生的终极课题，也不为过。一个找到了人生意义与使命的人，不但时刻拥有清晰的目标，而且将迸发无限的热情与源源不断的活力；他将充满奇思妙想，孜孜不倦地创新；他将充分发挥自身价值，在工作与生活中创造出大大小小的精彩时刻；他将充满乐观精神，面对生活中的困难，用自己的热爱、喜悦与幸福，感染身边的每一个人。

然而，正因为使命如此根本，并非所有人都能觉察它，更别提有意识地去实现它。这个课题如此本质，导致有的人终其一生也不曾触及。但是，也正因为它如此本质，不论是否有意识，每个人在人生中或多或少、自觉不自觉地都曾去寻觅。

作为一名以帮助他人寻找人生使命作为自身工作意义的人，我深深地明白，对每个人而言，失去方向、迷茫、失落宛如冬眠一般，是生命成长的一个必经阶段，在人生中不可缺少，也决不会缺席。正因为迷茫、失落，人们才开始寻找。而这种寻找或探索，就是人有意识地发现人生使命的种子、埋下种子的开始。

其实,对人生意义与使命的提示无处不在,书中称之为"迹象"。不管是否能认识到,人的一切经历,都是为发现使命、实现使命而做出的准备。

本书将围绕人生意义与使命这一根本话题,用生动浅白的故事,展示如何发现迹象,从中提取使命的"元素"并将其变成生命的一部分;如何从身边微小的事情中发现意义,并将其逐渐栽培成让生命绽放精彩的大意义。

我们将随着主人翁乔希一起,面对他的迷茫、失落与怀疑,感受他的探索、快乐、成长与收获。

寻找人生的意义是一个抽象而宏大的课题,但作者用了最生动亲切且引人入胜的故事,循序渐进,逐层深入,使我们也仿若进行了一次对人生意义与使命的思考与探索;并对如何寻找、实现使命做了简明扼要的归纳,我想,看完这本书,任何人都能从中得到启迪。

假如你正感到迷茫,失去了对工作或生活的热情;假如你开始自我怀疑,找不到自己存在的价值;假如你心中总觉得生活不该是现在这样子,那么,请你冲上一杯热茶或咖啡,打开这本书,从中发现专属于你的人生使命的迹象。

北京子瑜文化联合创始人　叶瑜

2021 年 6 月 20 日

Acknowledgments 致谢

首先，我要感谢我的妻子凯瑟琳，她帮我找到并实现了我的人生意义。如果不是你，我就不会是今天的我。

感谢我的孩子杰德和科尔，谅解我利用他们的假期完成这本书。愿你们永远记住，带着你们的热情，把自己这颗种子种在当下。

感谢我的出版商马特·霍尔特和我的编辑香农·瓦戈，感谢我的团队成员金·戴曼、拉里·奥尔森以及约翰·威利出版公司的其他团队成员，在我"播种种子"的过程中给予极大的帮助，推动我充分发挥自己的潜能。你们是最棒的。

感谢我的经纪人丹尼尔·德克尔,感谢这位营销天才的付出、才华和支持。我们是一支伟大的团队。

感谢我的兄弟大卫·戈登,在我写作的过程中提供独到的见解和极大的鼓励。我们边走边谈的头脑风暴为本书的写作带来极大的帮助。

感谢托德·哥斯堡、丹·布里顿、梅利莎·约翰逊和本·纽曼阅读本书手稿并提供反馈意见,你们提出的质疑为本书的完善带来极大的帮助。

感谢保罗和艾利森·弗雷泽,感谢你们在生命中最痛苦的时刻依然坚持信念、发挥灵感。乔舒亚的精神遗产会永存,会对疾病治疗产生积极的作用。你们教会我"overcome(克服)"一词的含义。乔舒亚教会我,我们不只是墙上的一块砖。

感谢所有的"种子种植者",你们的人生开花结果,让世界变得更好。我希望你们会喜欢这本书。

最重要的是,我衷心感谢上帝赋予我写出这本书的灵感。感谢上帝帮助我克服生命中最大的挑战,走完人生中极具意义的四个阶段。感谢上帝帮助了我,并引导我找到自己的人生意义。

目录

Contents

推荐序		I
致谢		V
第一章	工作提不起劲儿	001
第二章	焦虑	007
第三章	从高处看世界	017
第四章	梦里的种子	025
第五章	开启自我探索之旅	029
第六章	寻找种子的勇气	035
第七章	与达摩的快乐时光	043
第八章	与旅伴达摩分享心声	049
第九章	校园人事已非，但有变化之美	055
第十章	对话教授，参悟音乐	059
第十一章	偶遇学生，意外收获	067
第十二章	狗的使命与人生的意义	075

第十三章　回到餐厅，找到快乐	079
第十四章　兼职，找到服务的热情	087
第十五章　回到家乡，做回自己	093
第十六章　新工作面试——机会来了	097
第十七章　快乐源于我们对工作的感受	105
第十八章　热爱工作，活在当下	121
第十九章　万物皆有时节	125
第二十章　你自己就是这颗种子	129
第二十一章　人生的四个阶段	135
第二十二章　Y流程，化繁为简	147
第二十三章　有意义地服务、创新和沟通	151
第二十四章　让所有人都种下自己的种子	157
第二十五章　在逆境中鼓起勇气	163
第二十六章　捍卫梦想	169
第二十七章　克服困难，夺取胜利	173
第二十八章　计划见效，实现自我	177
第二十九章　新名字，新寓意	181
第三十章　硕果累累	185
第三十一章　万物之季	193
第三十二章　你生命中的果实，会变成他人种下的种子	199
后记	204

第一章

工作提不起劲儿

老板的智慧

—

如果没有热情,那么你就和其他人一样平庸

乔希的脚一直踩着油门，驾车在这条乡间小道上飞驰。他喜欢在车上开着收音机和窗户。不过，他不确定自己跟自己那只叫"达摩"的狗，谁更喜欢这种感觉。达摩把头伸出窗外，晃动着耳朵。即使强风不断吹拂着脸，它好像真的很喜欢乡间清新空气迎面袭来时的味道。乔希看了达摩一眼，摇了摇头。他心想，这家伙真是无忧无虑。作为一只狗，达摩不用担心工作、老板和薪水，也不在乎什么"参与感""工作重点"或者"就业"。唉，这家伙太幸运了。

他们现在离乔希居住和工作的城市有几英里（1英里=1.6093千米）远——足够远离各种挑战和忧虑。

乔希希望自己也能把头伸出窗外，忘掉昨天发生过什么。他希望自己可以回到过去，接受父亲的建议。他希望自己不再那么忧心忡忡。

"我好想变成你呀！"乔希对着达摩大喊。达摩的耳朵听到乔希的声音之后马上竖了起来。达摩面向乔希，好像想让自己的主人知道，他的话比外面的阳光和乡间清新空气更重要。乔希对着达摩笑了。乔希相信，不管自己说什么，达摩都懂——无论是出去散步、开车兜风，还是坐在家里的时候，甚至当乔希在"创意屋"里头脑风暴的时候，达摩也能理解他的创意。乔希在床上读书和讨论人生最重大的问题时，达摩也会仔细地倾听。乔希倾诉内心最大恐惧的时候，达摩会把头搁在他的腿上。达摩不仅知道乔希的想法，更懂得乔希的内心感受。

路边的指示牌显示，离目的地农场只有几英里远了。乔希很期待见到自己的朋友。朋友邀请他过来一起玩儿，虽然他从未去过玉米田迷宫，也不知道里面有什么，但是来这里总比一个人坐在家里百无聊赖要好。

他的朋友都对他十分了解，知道他的生活不像看起来那么完美。当然，他有一所好房子，一份好工作，他的公司在业界很有名：他的前途一片光明。不过，他总觉得生活缺了点什么，不再兴致勃勃地去上班。他不是讨厌自己的工作，只是不再热爱。每个人都能看出来，包括他的老板。前一天，也就是周五，老板马克把乔希叫到自己的办公室，最先道出实情。

"你和五年前我把你招进公司的时候不一样了。"马克说，"当时你特有冲劲，充满热情、想法和活力。现在你好像魂不守舍。你到底怎么了？"

乔希看着地面，都不愿意和老板对视。他知道老板说得对，但是亲耳听到这些又是另外一回事。他觉得自己好像被扒光了，很是惭愧。"我不知道。"乔希抬头望着老板摇了摇头，"我也希望自己知道为什么，但是我真的不知道。我最近总觉得干什么都提不起劲儿。我不知道怎么回事儿，我就觉得挺没劲儿。"他不知道自己是否应该对老板这么坦白，但是他的教养和经历告诉他，一个诚实的答案往往就是最好的答案。而且，每天恹恹的神情以及在过去一年里的种种行为举止，都真实地反映了他内心的感受。

"行吧,你应该知道热情是我们工作中很重要的一部分。"老板说,"如果没有热情,那么我们就和其他人一样平庸,而且这样对我、我们公司以及我们的客户都不好。"

"我是被解雇了吗?"乔希问。他总是记得12岁的时候胳膊脱臼的经历。医生走进来,看了看他的X光片,然后就抓住他的胳膊,和他聊起来。随后,医生没有给他任何提醒,突然噼啪一声,就给他的关节复位了。从那以后,乔希相信痛苦和不适的时刻都是很短暂的。

"不,"马克摇了摇头,"我还没打算放弃你。我们在你身上投资了太多,所以不会现在放你走。而且我们相信你在公司也投入了很多,所以你不应该现在放弃。我之前也遇到过你这样的情况,我觉得你现在需要停一下,歇一会儿。所以我现在想跟你做个交易:我给你两周的时间,就当作我提前两周给你解雇通知。比起解雇你,我更希望两周后重新雇用你。你有两周的带薪假期来决定,你是否真的愿意满怀热情地继续在这儿工作。如果两周后你觉得这儿不再适合你,即使我会失望,但是至少我们都知道你需要有所改变,不应该再止步不前。这个道理很简单。如果你想留在这儿,那么你就百分之一百地投入工作。如果你找到其他更想做的事儿,希望你也能找到你曾经在这儿有过的热情。"

"可以吗?"马克一边问,一边伸手去握乔希的手。"可以。"乔希一边回答,一边和老板握手道别。他走出门,不知道应该高兴还是伤心。对大多数人来说,用两周带薪假期决定自己的未来是再好不过的事了,但是对乔希来说,没有什么比这更可怕了。

第二章

焦虑

老人的智慧

———

只要找到种这颗种子的地方,你就会找到你的目标乔希开车经过农场入口的时候，想起了前一天和老板的对话，紧张得胃都揪在了一起。他想，要是被解雇倒也没那么难受，至少他不用再为这事纠结。他突然想起今天是周六，也就是两周假期的第一天。两周后他才必须给老板一个答复，还好不是今天。他不想在今天做任何决定，只想把所有事情抛诸脑后，好好享受一下。

农场比乔希想象得更大。前往农舍和玉米田迷宫入口的道路漫长而曲折，巨大的玉米秸秆随处可见。乔希到了农舍停好车，在车里铺好毯子，然后打开车窗，好让达摩躺着小睡一会儿，让它享受乡间10月凉爽的空气。随后，他买了门票，向迷宫入口跑去，和等着他的朋友相见。在奔跑的路上，他经过一群等着登上直升飞机的乘客，他们准备在空中鸟瞰迷宫和乡间。乔希心想，自己应该没这机会。他只坐过由飞行员驾驶的喷气式客机，在机上乘务员会发点花生、椒盐饼干和饮料。

乔希找到了他的朋友，他们相互拥抱、击掌和握手。大家打赌谁先走出迷宫，然后排起队开始比赛。没过多久，乔希和他的朋友就走散了，因为迷宫有很多死路、岔口、小路，他们有很多不同的选择。当眼前出现两条不同的小路时，一些人选择了这一条，另一些人选择了那一条。这样的选择不断出现，直到整个队伍完全走散，乔希也独自在迷宫里迷路了。

乔希从小就很害怕迷路。眼前出现了一面玉米秸秆墙，他停下了脚步，越来越焦虑。应该走左边还是右边呢？应该往回走还是选择别的路呢？应该大声喊朋友的名字吗？他闭上眼睛祈祷前行的方向。然后他睁开眼，看到一个又高又瘦的留着灰色的长发和胡子的老农夫站在他面前。乔希吓了一跳，焦虑地问老人是从哪儿来的。

"噢，我从迷宫里来。"农夫用沙哑的声音说，

"这是我的农场,而且我喜欢走在迷宫里,帮迷路的人找到路。"

"太好了。"乔希如释重负,"我完全迷路了。你能帮我吗?"

"那可不好说。"农夫回答,"首先,你可以告诉我你要去哪儿吗?"

"我想找到迷宫的出口。"乔希说。他觉得农夫的问题挺奇怪的,心想:"如果我知道我要去哪儿,我现在已经在那儿了。"

农夫深深地吸了一口气,笑着说:"乔希,我说的不是迷宫。我说的是生活。你知道你的人生目标吗?"

乔希紧张地环顾四周,心想:"他怎么会知道我的名字呢?"乔希四处张望,看看能不能找到他的朋友或者不起眼的摄像头。他觉得他的朋友肯定是在跟他玩小把戏,他们知道自己面临着一个重大抉择,所以可能在做一些刺激的事儿让他摆脱恐惧。有什么方法比小把戏更好呢?他给朋友打电话,但是奇怪的是,没有人从玉米秸秆里走出来。

"你还没回答我的问题。你知道你的人生目标吗？"农夫盯着乔希，脸上露出一丝微笑。

乔希往后退了一小步。

"你怎么会知道我的名字？为什么你要问我这个问题？"乔希很着急，变得越来越不自在。

"我认识每一个走过这个迷宫的人。"农夫安慰乔希，"我见过很多迷路的人，知道他们什么时候迷路。我的朋友呀，你和他们一样，也迷路了。但是不用担心。像你一样迷路的人数不胜数。很多人来迷宫是为了寻找一些东西。他们的职业、背景、年龄都不同。有的人在寻找理想的工作，有的人只是想在生活中找到一点乐趣和幸福，有的人在工作中寻找更多的意义，还有的人在面对某种逆境时心生迷茫和恐惧。他们都在寻找答案，希望有人能告诉自己下一步应该做什么。他们遇到了我，我会给他们解释，迷宫可以教他们如何过上想要的生活。我帮他们找到了属于他们自己的路。如果你听我的，我不仅可以带你走出迷宫，而且可以帮你找到人生方向。"

乔希扫视了一番老人的脸。老人周身有一种宁静平和的气氛。乔希在迷宫入口售票亭的邮寄名单上做了登记,他估计农夫就是从那儿得知他的名字的。如果老人可以带自己走出迷宫,那么乔希肯定会对老人的话洗耳恭听。不过,他此刻最需要做的不是选择人生方向。

"好的,我听着呢。"

"你迷路是因为你不知道你的目标是什么!"农夫喊着说,"目标是我们最根本的指导体系,给我们的生活提供方向。目标赋予我们热情,因为热情,我们有了信心和追逐梦想的活力。没有目标的生活就是漫无目的的游荡,如同风中尘土。你就会变得行尸走肉一般,放纵散漫地活着。不过,一旦找到目标,你就会发现创造世界万物的力量,找到生存的理由,找到你要走的路,在路途中挥洒热情。"

"我可以在哪儿找到目标呢?"乔希问。他听到了"激情"和"目标"这样的词,就对农夫说的话更感兴趣了。就在前几天晚上,他闭上眼睛,想要知道并实现他的目标。"请利用我实现你的目标。请引导我找到我的目标。"他只是简单地祈祷,没花多长时间。此时此刻,乔希就和一个陌生人在玉米田迷宫里讨论目标。其实他应该对目标有更深的了解。就像他最喜欢的那首歌的名字一样,他知道上帝的行踪是很神秘的。

"大学毕业后我找到了第一份工作。"乔希接着说,"那时我以为已经找到了我的目标。不过,我现在开始质疑我的工作、我过去的决定和我的未来。你一点儿都没错,我迷失了。"

"你会找到方向的。"农夫一边说,一边从口袋里掏出一颗种子递给乔希。乔希看着种子落在手心里。"这有什么用呢?"他问。

农夫沉默了一会儿,指着种子说:"只要找到种这颗种子的地方,你就会找到你的目标。"

乔希看着种子,很是怀疑。"种这颗种子怎么就能帮我找到我的目标呢?"

"我不确定这是为什么。"农夫回答,"我只知道结果会像我说的一样。这是一种人生奥秘,只要我们相信奇迹,我们就能见证奇迹,我们的想象力在某种程度上可以创造现实。我交给了很多人种子,然后他们都找到了他们的目标。他们还会回来告诉我,我希望你找到自己的目标之后也会这样做。"

"万一我找不到种这颗种子的地方呢?"乔希问。

他希望还有别的选择。

"那你就找不到你的目标了。"农夫回答。他知道这是唯一的选择。"每个人都会追寻自己的目标。这是生活中很重要的事情。如果你不追寻目标,其他的一切都毫无意义。追寻目标的过程并不容易,充满神秘、挑战、障碍和死路,就像这个迷宫一样。不过,如果你愿意沿路走下去,从错误的选择中吸取教训,即使有放弃的念头也不停下脚步,那么最终你都会找到合适的地方种这颗种子。"

"我应该从哪儿开始呢?"乔希好奇地问,"我不知道我应该从哪儿开始。"

"从最了解你自己的地方开始,从心出发。小心被惯性思维欺骗,有时候你想到的并不是你真正追求的。但是你的心不会说谎。你的心知道你为什么追寻目标,知道你想去哪儿,也知道你想做什么。你只要聆听自己的心声就够了。在随心的同时也别忘了留意一些迹象。"

"什么迹象?"乔希问。他很清楚自己的内心并没有什么想法。

"迹象是指引你度过一生的恩典。"农夫解释,

"迹象帮你决定走哪条路。这些迹象有很多表现形式,可以是陌生人的建议、你的梦想、惊喜的时刻、歌曲、电视节目、书籍,甚至是路边的指示牌。上帝用尽一切方式跟我们聊天,引导我们踏上属于我们自己的旅程。如果我们敞开心扉,寻找迹象,找到之后跟着它们,我们就会朝着正确的方向往前走。我们越是留意和相信这些迹象,我们就会发现得更多。"

乔希笑了。他对迹象多了些了解。他的父亲以前总是提起迹象,他在生活中也总能看到迹象。在十来岁的时候,每一次乔希走在沙滩上都会想起迹象这件事,而且一旦他想起,就会有一群海鸥从他头顶上飞过。他也经常正好在 11 点 11 分和 1 点 11 分的时候看到闹钟和手机上显示的时间。一旦这种情况出现,他都觉得特别激动。这些情况出现了很多次,绝不是巧合。这些迹象帮乔希做了生命中很多重要的决定。不过,最近他竟然不再留意迹象,想不起来迹象的存在。

农夫接着说:"追寻目标就像一场寻找宇宙起源的游戏。只要你掌握游戏规则,找到游戏乐趣,这个过程就像冒险一样刺激。"

乔希不停地想"冒险"和"游戏"这两个词。他之前把生活看作冒险，看作礼物，而不是义务。不过，最近他不觉得生活是游戏，更像是家庭作业。再说，尽管相信农夫说的话，他也不确定自己是不是真的有游戏或冒险的精力和心思。

"如果你不想玩这个游戏。"农夫像是读懂了乔希的小心思，"或者说如果你在游戏开始之后发现没什么意义，想要放弃，别忘了一个道理。既然你想要追寻你的目标，就意味着这个目标是可以找到的，不然为什么这么多人和你一样都在追寻目标呢？既然你有意追寻你的目标，就意味着这个目标是实际存在的。乔希，既然如此，不妨参与到游戏中，别放弃。跟着你的心，跟着你观察到的迹象，你就会找到种子的地方。"农夫脸上露出灿烂的笑容。"噢，我走之前，还要跟你说一件事儿。"

"什么事儿呢？"乔希问。他想知道更多有用的建议。

"沿着这条路往右走，你就能找到出口离开迷宫了。我得去帮其他迷路的人。记得回来看看我。"农夫一边喊着，一边沿着路往左走，没过一会儿就看不见影儿了。

第三章

从高处看世界

飞行员的智慧

———

从我飞行的高度看这个世界,
你就会对世界有新的认识

不是每天都会有人告诉你，你可以通过种种子的方式找到自己的目标。乔希知道，就连他自己都觉得奇怪的事，他的朋友肯定会觉得更奇怪。朋友一直都很关心他，但是他不想朋友觉得他现在一无所有，所以他并不打算告诉朋友在迷宫里遇到农夫的事。

下午剩下的时间，乔希就和朋友在农舍附近消磨时间，在干草地上骑骑马，雕雕南瓜，或是在摇椅上歇歇。就连达摩也在农场里玩得很高兴。乔希希望还能见到农夫，在走之前再跟他聊聊，所以朋友都走了，他还在那儿。但是乔希始终没看到农夫，离天黑只剩几个小时，他知道也该回城了，就和达摩去取车。走在路上，乔希看到飞行员和直升飞机，但是没看到排队登机的人，可是汽油味依然很浓烈。

"你想坐今晚最后一班飞机吗？"飞行员问从身边走过的乔希，"现在正好是飞行最佳时候。天气晴朗，空气清新。很难找到比现在更好的时候了。"

"不用了，谢谢。我们得赶回城里。"乔希一边回答，一边摸着达摩的头。

"你可以把你的狗儿也带上飞机。"飞行员说，"舱位很充足。而且说不定，跟我飞完这一程，你就会找到你想要的东西。"

乔希马上停下了脚步。她是农夫的朋友吗？或者只是个能说会道的销售员，想赚他一笔钱吗？"你怎么知道我在找东西？"乔希问。

"每个人都会有些追求。爱情、金钱或是幸福。我们都在找些什么。如果跟我在空中飞一趟，你就会更清楚自己想找什么。一旦从我飞行的高度看这个世界，你就会对世界有新的认识。所以你想找什么呢？"

"我的目标。"乔希毫无顾忌地说，想要达到震慑效果。"你能帮我吗？"他语带讽刺地问。

"我可以帮你。"飞行员回答,"登机吧,找找去。"

乔希不确定事实是不是和飞行员说的一样,但是就像有些东西逼着他跳上飞机。他在最不可思议的梦里都没想过会坐上这样的飞机。不过,他现在马上就要起飞了,达摩兴奋地坐在他旁边。飞行员启动引擎,在尘土飞扬的跑道上加速。她转头看了看乔希和达摩。"在你追寻目标的时候,不妨停一停,飞到空中,从高处看看。"

乔希闭上眼睛,心怦怦直跳。他能感受到飞机在空中爬升。螺旋桨的振动让乔希也跟着飞机抖动起来。他可以听到发动机刺耳的声音,也可以感受到冷风打在脸上的寒意。他很想睁开眼,但睁不开。他不仅恐高,而且担心小型飞机的引擎出故障导致飞机坠毁。

"你不睁开眼,怎么从高处看呢?"飞行员喊着说,"你不睁开眼,怎么找到你的目标呢?我都不敢相信,世界上有这么多人闭着眼睛度过一生。这些人被恐惧蒙蔽了双眼,错过了身边的奇迹、美好和机遇。"

乔希知道飞行员说的是对的,但他还是摇了摇头,因为他被恐惧击败了。他要做一件让自己感到自豪的事,就是直面恐惧。他逼着自己睁开眼睛。刚一睁开,他就看到自己平生所见过的最壮观的日落。他这一辈子都没见过这么大、这么红、这么美的太阳,就像是有人给他画出来的太阳一样。仿佛只要伸出手,他就能摸到太阳。"真是太好看了!"乔希对着达摩大喊。比起坐车,达摩更喜欢坐飞机。乔希看着飞机前面,蓝蓝的天上只有稀疏几朵云。他又低头看了看迷宫,迷宫入口清晰可见,迷宫内部迂回曲折。就连他迷路的位置和逃离的出口,他都看得见。虽然看起来很小,但是很清晰。他嘲笑自己在迷路的时候焦虑不安。"哇!从高处看真的是不一样。"他对着飞行员大喊,"我今天在迷宫里迷路了,但是我现在可以清楚地看到我是在哪儿迷路的,我也知道我应该走哪条路了。"

"你看,我没骗你吧。"飞行员喊着说,"从这儿看什么都很清楚。我喜欢我的工作,因为每次在迷宫上空飞过,我都会想起上帝就是这样看着我们和这个世界的。就像你从飞机上看到迷宫一样,上帝也可以看到你生命的开始、过程和结束。你可能会觉得不知所措,但是上帝知道你从哪儿来、你在哪儿、你到哪儿去。当你从高处看待事物,你就会对大局有清楚的认识。"

"如果我能在人生的迷宫里保持现在这种高位视角就好了。"乔希喊着说。

"你能做到。"飞行员回答,"如果你这样做的话,那么你就能带着你的信念往前走,深信有一条路可以带你到达目的地。只要你有需要,就能带你去。"

乔希想起了给他指点迷津、带他走出迷宫的农夫。也许还需要寻求更多的建议才能找到人生的方向。农夫让他留意迹象,但是如果迹象不清晰怎么办呢?你想要些建议,但是又得不到,就像是在孤独地奔跑,这样该怎么办呢?他看着迷宫,想起他的目标。即使从高处看迷宫,他也觉得自己的目标并不明确。他不知道哪儿是最合适播种种子的地方,也不知道看着迷宫有什么帮助。他对着飞行员大喊:"我觉得你说的话有道理,但是起飞前你跟我说,'如果跟你在空中飞一趟,我就会更清楚自己的目标',但是到目前为止,我还不是很清楚。"

飞行员笑了。多年的飞行经验以及从高位视野和角度思考的经验,往往能让她看到别人看不到的东西。"再看一次迷宫吧。"她喊着说,"从这儿往下看，你可以看到迷宫的起点、终点以及两者之间的路，整个迷宫一环扣一环。就像你的人生一样，你的过去带你到你的未来，你的未来也离不开你的过去，两者息息相关。想要更清楚地看到你的目标，不妨回头看看过去，这样就能更好地走向未来。想想你的过去，你就会找到一些开创未来的线索。"

"我没听懂你的意思。"乔希喊着说，"我的过去怎么帮我找到我的目标？"这时飞行员正准备降落。

"降落之后，我再给你解释。"飞行员喊着说。

飞机平稳降落，乔希松了口气。他们跳下飞机。达摩站在乔希身边。飞行员为了让乔希理解就讲了一个故事。

"我看过一个著名电视节目主持人的故事。她从小就很会逗人开心，让人发笑。后来慢慢地，她越来越听从别人对她生活的意见，而忽略了自己真实的想法和热情。40岁的时候，她已经是一个高中老师了，但是她突然意识到自己在所有的聚会里都是最会带动气氛的人。她开始表演脱口秀，她就是这样找到当前的人生目标，在演艺界过着激情澎湃的生活。每当别人问她在人生路上有什么经验教训，她就会说，考虑人生目标的时候就应该做自己10岁时喜欢做的事儿,因为从那以后,你就会开始在意别人的看法。"

"所以说,你可以从你的过去找到线索,找到你的热情所在。回头看看你的过去,你就能找到走向未来的方向。"

第四章

梦里的种子

梦境的启示

究竟是在花盆里将就地活着，还是在田野里勇于追求人生的意义

乔希从不担心睡不着觉。多年来为了销售和营销工作，他经常加班到半夜，所以也就习惯了在何时何地都能睡着觉。他睡得很沉，什么都吵不醒他。但是这天晚上，达摩用舌头轻轻地舔他的手，他就醒了。他睁开眼就看到床头柜上的那颗种子，想起刚做的梦，觉得很奇怪。在梦里，他把种子种在了办公桌上的花盆里，结果种子长成了特别大的植物，大到他的办公室都放不下了。所以他把植物拿出花盆，种在了广阔的田野上。他和一群人一起看着植物慢慢长大，直到果实成熟开始从树上掉落。乔希在梦里对着那群人大喊："我知道这是什么意思了！我知道这是什么意思了！"但是他还没来得及说出具体意思，就被达摩弄醒了。

  他拿起床头柜上的种子，走到窗前。他看着窗外，感受到城市的快节奏。已经是凌晨两点了，市中心的街道上仍然人群熙攘、车水马龙。乔希心想，街上的人不只是穿梭在喧嚣的城市里，还穿梭在忙碌的生活里。他猜，这些人大多数都不知道自己生活的目的是什么。他们没有想过，也没有想过要知道生活的目的。他们只是匆忙地在城市中穿梭，为了工资营营役役，为了生存拼死拼活。乔希很清楚这些人心里是怎么想的，因为他之前也和他们一样。直到老板给他发出最后通牒、农夫和飞行员跟他聊天，他才意识到是时候重新审视自己的人生了。

  他现在满脑子都在想种子和人生意义。他纳闷，究竟是将就地活着，不去想人生意义比较好，还是即便痛苦和折磨都要勇于追求人生意义呢？他想到了自己的工作，想到了丢失的热情，他知道自己别无选择。虽然逃避比较容易，但是他不想再这样活着，他更情愿活得有意义。他看着手上的种子。农夫可能是疯了,但其实乔希跟别人有过更稀奇古怪的对话,见过更不可思议的事。所以乔希并非完全不信农夫说的话。再说,他还有很多时间去找播种种子的地方。虽然他现在最不想的就是冒险,但是他也知道,生活会给你所需要的东西,而不是给你想要的东西。

反正乔希也没什么损失。如果他能找到播种种子的地方,说不定就能找到人生的意义,然后他就更容易决定应该留任原职还是另谋高就。乔希的老板需要的是一个答复,乔希需要的是找到人生的意义。

乔希拿出行李箱,往里装满了衣服,带上达摩的东西,和达摩去取车。他决定回到他成长的地方。虽然不确定是不是应该在那儿播种种子,但是他觉得那儿是一个很好的出发点。

因为过去是未来的线索。

因为他想跟父母聊聊。

因为他真的不知道还能去哪儿了。

第五章

开启自我探索之旅

乔希的困惑

——

继承家业,投身商界,只考虑赚钱的生活热情

乔希不喜欢在公路上与大卡车并排行驶，但不走运的是，他在路上看到的基本都是大卡车。夜间开车让他想起高中和大学的暑假，他和乐团也开车去过很多地方。乐团说不上很好，但也过得去。乔希是乐团的主唱，也是吉他手。他以前在父亲的教会里是青年合唱团的领唱，他的唱功就是在那儿培养起来的。家人曾希望他继承家业，成为牧师。但他觉得有一股劲儿推着他走上别的路，先是进入音乐界，后是跻身商界。

乔希的朋友们，有的因为父亲是教练所以成为教练，有的因为父亲就职商界所以踏入商界。但是乔希就是想与众不同，走一条属于自己的路。他觉得，一个人跟着父母的脚步,和兄弟姐妹一起经营家族企业,并没有错。尤其是如果这个人喜欢这样的话,那就再好不过了。他并不是不喜欢传教,而是他知道自己更想做别的事情。担任乐队领唱的日子,是他生命中一段最特别的时光。他喜欢传教,也很擅长。他不仅擅长唱歌和玩音乐,而且很会说话。他喜欢发挥自己的影响力启发他人。他爱帮父亲想些有创意的点子,让传教变得更有意思。他喜欢听众能对他说的话和唱的歌给出即时反馈。正因为这样,在他决定从事教会以外的工作时,大家都觉得难以置信。

乔希一边开车,一边回想着过去的日子。收音机响着,车窗开着。他开始怀疑自己当初的决定。他想起飞行员跟他说的故事——去做10岁时喜欢做的事儿。他想到自己的优势和天赋都离不开传教。父亲在他大学毕业的时候就想让他担任全职领唱。他却跟父亲说,他心里很清楚这不是他想要的生活。他觉得当个领唱太轻松、太稳定了。他想投身商界,在商场展现自己的天赋和热情。父亲支持了他的决定。所以,没当多久乐手,乔希最终决定踏足商界。乔希起先加入了一家他觉得能让自己名利双收的公司。刚开始的时候，他觉得这份工作让他很兴奋、很有挑战性。但几年之后，新鲜感过了，设计新的销售方案和营销活动的热情逐渐被消磨殆尽，剩下的只有赶进度和达到业绩的压力。他不再企盼在商场上大展所长，反而更多在质疑自己。除了能为公司赚更多的钱，他觉得自己在这个世界一无是处。

"天生我材必有用，对吧，宝贝？"乔希对达摩说。达摩不仅在倾听乔希说的话，而且能读懂乔希心中所想。乔希曾经告诉达摩，他相信达摩知道他在说什么和想什么。乔希是对的！达摩真的能理解他的想法、他的话语、他的感受。它知道乔希何时下班回家、何时出去散步、何时开车兜风。这不是因为达摩熟知乔希的习惯。因为乔希是个随性的人，往往行踪不定。达摩知道这些，是因为它有预知能力，人们通常称之的第六感。对达摩来说，只不过是狗的直觉。它比人更聪明，知道得更多。但是被低估未尝不是一件好事。它舔了舔乔希的手臂，让乔希知道它的爱。达摩知道，乔希现在最需要的是安慰。

"我们会找到答案的。"乔希说。他摸了摸达摩的头,加速超过三辆大卡车。他们在路上已经有一段时间了。夜月西坠,旭日东升,天色渐亮,乔希心里仍满是疑问。离目的地越来越近了,他只希望父亲能帮他找到答案。

第六章

寻找种子的勇气

父亲的教诲

—

如果你愿意全心全意追寻你的人生意义,
上帝就会给你打造一个美好的人生

世界上没有什么比得上母亲的拥抱。母亲的拥抱可以带走你的痛苦和恐惧，在你最困难的时候，安抚你的情绪。一个简单的拥抱，会让你觉得一切都会变好的。乔希在家门口紧紧地抱住母亲，两人潸然泪下。他觉得自己就像那个当年在商场里迷路的小男孩儿，最终在找到母亲的瞬间泪崩了。母亲现在抱着他，就像当年一样。乔希还没告诉母亲到底发生了什么，其实他不用说，母亲就已经知道了。

母亲拉着乔希的手，带他到厨房。母亲一边给乔希做丰盛的早餐，一边聊起乔希现在面临的困惑。今天是星期天，家里其他人都在教堂准备做礼拜。乔希洗了个很久的热水澡，穿上干净的衣服，就跟母亲上车去和其他人会合了。

离上一次回家在父亲的教会做礼拜已经过去六个月了，但是他一走进教堂仍然就感觉特别亲切，像是昨天刚来过一样。他很佩服父亲充沛的精力和启发他人的能力。父亲需要在三场不同的礼拜上传达同样的信息，分别是上午9点、上午10点和下午5点，但是无论哪一场，父亲的讲道都是极具感染力和热情的。乔希发现，他大哥也很会说话，同样极具感染力。哥哥很想帮助世界各地的流浪者、患者和穷人，所以经常鼓励他人也能参与其中，向他人解释做些什么能帮到有需要的人。他说过，可以在非洲凿井，帮当地人可以喝上干净的饮用水；可以帮助受到经济重创的家庭渡过难关；可以每周在教堂给流浪者分发食物；可以主动走访社区，探望需要支持和鼓励的人，并和需要开解的人聊聊天。

乔希瞬间觉得自己很渺小，哥哥做的事这么伟大，而他又做过什么帮助他人的事呢？他做的事对社会有什么用呢？有人无家可归，有人饥肠辘辘，有人体弱多病。相比之下,他的忧虑只是应该留任原职还是另谋高就,至少他还有一份工作,还有选择的余地。很多人连选择的机会都没有。他想起了一句诗:

> 我很忧郁,因为我没有鞋子;
> 直到我走在街上,遇到一个没有脚的人。

那天夜里,乔希和父亲在书房里坐着。他的兄弟都已经带着自己的家人回家了,所以房子里很安静,只能听见母亲在厨房里做菜的声音。对于乔希回家,父亲很惊讶,也很高兴。

"怎么回来了呢?"父亲脸上露出欣慰的笑容,"一切都还好吧?"

乔希把他和老板的对话、把农夫跟他说的话、把飞行员跟他说的话,一五一十地向父亲讲了一遍。乔希知道,父亲不会对这一连串的事情感到奇怪。身为牧师多年,父亲深知真相往往比虚构的故事更离奇。他听过各种不同寻常的故事,也见过各种稀奇古怪的东西，所以他相信除了人类五感，还有一些不知名的力量存在。他发现，看不见的往往比看得见的更有力量。他相信，奇迹不仅发生在两千年前，在此时此刻的地球上，奇迹也在发生。

父亲沉默了一会儿，回想了一下乔希跟他说的话，然后走到书架前。"我只知道，追寻的人生意义，往往需要改变你的生活。上帝会利用所有的人与事，让改变发生。所以，乔希，你遇到这些人都是有原因的，我觉得你应该接受挑战，寻找播种种子的地方。正如我经常跟你说的'上帝不选择最佳的，只选择最有意愿的'。如果你愿意全心全意追寻你的人生意义，找寻上帝，上帝就会给你打造一个美好的人生。"

"父亲，我很愿意，也很坚定。"乔希一边回答，一边点头表示同意。"我只是不知道应该在哪儿种这颗种子。我希望有人可以告诉我，希望自己知道应该怎么做。"

"孩子，你要明白，如果你知道所有的答案，也知道所有的事情会怎么发展，那么你就没必要去找了。如果你知道未来会发生什么，那就不是冒险了。

只有冒险才能让你变得更坚强、更明智、更优秀。这趟旅程本身就是你命运的一部分。"

"但是可能我的旅程应该从这儿开始,也到这儿结束。"乔希说,"也许我应该把种子种在这儿,和你一起传道。或许这就是我的人生意义。"

父亲把手搭在乔希的肩膀上。"虽然,我一直最想的就是你和我一起传教,但是我不能把我的梦想强加在你身上。你必须努力实现你自己的梦想。当然我不否认,你第一次跟我说,你决定不当牧师、要投身商界的时候,我是有点儿失望的。但是从那以后我很快就接受了你的决定,我知道你的选择是对的。有太多的人放弃追寻自己的人生意义和生活热情,因为他们都选择屈服于周围的人给他们的压力和期望。比起听从自己的内心,他们更相信老爱唱反调的人和老说不可能的人告诉他们的话。为了找到你的人生意义,你必须克服这些试图阻碍你的外力。你选择了这样做,我也为你感到无比自豪。我不知道你应该在哪种这颗种子,但我知道肯定不在这儿。我也知道你应该继续这趟旅程,因为还有更多的可能需要你去创造。

你在现在的工作岗位上做得不开心,事出必有因。我相信当你找到播种种子的地方时,原因就会变得明朗。我要告诉你的是,世间万物并非偶然。孩子,你和我的存在都事出有因。"

父亲的话安抚了乔希纷乱的心。以往,他总觉得自己是带着特殊的任务来到这个世界的。但是最近,恐惧和疑虑让他觉得自己微不足道。不过,父亲可不这样认为。

"前几天,我读了一篇关于地球的文章,文中说地球其实是一个主要由高温液体组成的巨大球体。地球以大约1000英里的时速自转,同时以大约66 000英里的时速围绕太阳公转,相当于每天移动120万英里。"父亲说着说着,乔希就笑了。"你想一想,地球距离太阳大约9300万英里。再近一点儿,地球就会热得令生命无法存活。再远一点儿,地球也会冷得令生命无法存活。所以一切都是刚刚好。我和你的存在并非偶然,而是因为条件允许。上帝有意创造出适合我们生存的正确条件。我们每个人都是带着独特的目的来到这个世界的。我是这样的,你也是这样的,大家都是。看到你在寻找你的人生目的,我真的太高兴了。"

乔希抱了抱父亲。父亲有种天赋,总能把事情理顺,总能把一切变得清晰、可及、可行。现在,乔希只需要找到继续这趟旅程的动力就可以了。他和父亲道了晚安,然后走到厨房给了母亲一个晚安吻。他装作没有闻到母亲做的饭菜的香味,和达摩上楼回到卧室。他累得连吃饭的力气都没有了,甚至不能再多说一句话。他没脱衣服就一头倒在床上,看着挂在墙上的照片。照片里是他的过去,但不是他的未来。他不应该把种子种在家里,而是应该继续他的旅程。现在,他得想清楚下一站去哪。

第七章
与达摩的快乐时光

达摩的快乐

—

把种子种在最能让人快乐的地方

第二天早晨,乔希坐在沙发上看杂志。睡了一个好觉,吃了一顿丰盛的早餐,乔希整个人都精神了。父母在外边散步,只有他和达摩待在房子里。乔希爱看各类报纸杂志,他发现里面的文章能给他带来很多工作灵感和创意。有一次,他看到一篇文章,讲的是新泽西州的一家小公司,塔可卡车公司(Taco Truck)利用社交媒体与客户建立联系的故事。这个故事激发了乔希的灵感,他想出了一个从未有过的创意,来加强他所在公司的内部交流和对外联络。他不知道下一个灵感会从哪里萌生,这正是他一直对这份工作感兴趣的原因之一。

乔希正要翻页,达摩突然从躺着的地方跳了起来,把鼻子压在杂志上。一开始,乔希以为达摩要跳到他的大腿上,但他很快就意识到,原来达摩是用鼻子给他翻页。达摩翻到杂志中间就停下来了,回到乔希的脚边,把头搁在乔希的鞋上继续躺着。实际上,狗儿知道的事可比人类以为的多着呢。乔希低下头继续看杂志,他看到一篇关于快乐的文章,提到了不同类型的公司如何在营销活动中利用快乐这一元素。"好的,宝贝,要是想我看这篇文章,你就放心吧,我会看的。"乔希一边说,一边敲了敲达摩的小脑壳,达摩舔了舔他的手。

这篇文章中所有提及的公司都在贩卖"快乐",但实际上只有少数人能够真正寓工作于娱乐。乔希心想,他很能理解这种说法。"我猜你也想我能更快乐些。"他跟达摩说,他不知道自己是否活得和达摩一样快乐。答案显然是否定的。乔希也想知道,自己以前有没有时间活得和达摩一样快乐。

有的。答案浮现在乔希内心深处。

那是什么时候?乔希问自己。

这个时候，电视自己开了。乔希也不知道怎么回事，毕竟遥控器在几英尺（1英尺=0.3048米）远的桌子上。电视竟然自己开了，这显然是要给乔希看什么的迹象。电视上放的是他大学时期最喜欢的电影。他看过这部电影不下十次，每一句台词他都记得一清二楚。他还记得上大学的时候，经常和朋友待在大学公寓里，围坐在电视前。他边看边想："还有什么比这样的生活更痛快呢？"

他面向达摩。"是的，我也有过和你一样快乐的时候，"他说，"我在大学的时候很开心。可能我应该把种子种在大学里。"这些话他想都没多想，就说出来了。说完之后，他顿时感觉到一股能量流遍全身，脑海里装满了一连串的想法：

  达摩把杂志翻到关于快乐的文章那一页
  还有关于他自己快乐的问题
  大学时期的电影让他想起曾经的快乐时光
  农夫对他说过要留意迹象

达摩正在地上调皮地打滚,乔希摸了摸她的肚皮。乔希觉得自己充满了活力,这种感觉已经很长一段时间都没有过了。他知道应该把种子播种到哪了。现在他很清楚,应该把种子种在最能让他快乐的地方,而这个地方非他的大学莫属了。"找到曾经让你开心的地方,就能找到揭开人生意义的线索。"乔希心想,甚至也许我应该当个老师或者教授。他等不及了,马上收拾好衣服,等着父母散完步回家。跟父母说了自己的领悟之后,乔希就和达摩跑去取车,开始另一段长途旅程,开车前往他的大学母校。

第八章

与旅伴达摩分享心声

达摩的启示

活在当下,享受每一趟旅程

达摩又在惬意地享受清新空气迎面袭来的味道。每到一个地方，它都不放过任何一次可以用鼻子嗅一嗅各种味道的机会。只要是乔希喜欢的歌，它都爱听。车里放的歌五花八门，古典音乐、流行音乐、硬摇滚音乐、古典摇滚音乐、乡村音乐，乔希全都喜欢。这些音乐能激发乔希的音乐创作灵感。要是听到歌词里带有脏话或消极的话，他就会把歌词改了，唱给达摩听。比如，他唱其中一首他最喜欢的歌《墙上的另一块砖》（*Another Brick in the Wall*）的时候，他会唱成"你不只是墙上的另一块砖"。只是加了一个"不"字，整首歌所表达的意义就完全变了。

达摩喜欢这些歌，所以乡村音乐是它的最爱。大多数人觉得乡村音乐唱的都是关于失去之类的伤感故事，比如说有人把狗弄丢了。事实上，很多歌都很振奋人心。达摩最喜欢的歌是蒂姆·麦格罗（Tim McGraw）的《人生得意须尽欢》（Live like you were dying）。人需要活在当下，尽情享受每一趟旅程，所以它不介意乔希在公路上开快车。

乔希给达摩念过一本书，是关于一条会说话的狗和赛车手主人之间的故事。虽然乔希不知道，但是达摩一直在心里大喊："开快点，再快点。"达摩不像乔希那样关心他们要去的地方，它喜欢的是这趟旅程本身。达摩觉得乔希现在应该开车开得很累了。但其实乔希没觉得累。达摩能感受到乔希五年后第一次回母校的激动心情。乔希把音乐声音调低，跟达摩分享他在大学时期所有最美好的回忆，达摩能从乔希的声音里听出他的喜悦。达摩心无旁骛地听着，因为它知道乔希需要一个旅伴听他分享。

乔希跟达摩说起他在大学校园里所有最喜欢的地方，也许他可以从中选择一个地方播种种子。他说起大一宿舍外面的长椅，他以前经常坐在上面看书。他提到了联谊会办公室外面的院子，在那里认识了很多一辈子的朋友。他花在和朋友在院子里打橄榄球、谈论未来目标、聚会上唱歌的时间已经数不清了。他还想到了举办毕业典礼的操场，那是他拿到学位证书的地方。这些应该都是种种子的好地方，但是乔希还是觉得不太对。

接着，沉默了几分钟之后，乔希跟达摩说了他认为应该播种种子的具体位置，那是他最喜欢的地方，也是满载他开心回忆的地方。这个地方就是一栋教学楼外面的草地。他以前就在这栋楼里上他最喜欢的课——音乐史，老师是他最喜欢的教授。这位教授不只是教书，还爱讲故事。他很风趣幽默，乐于分享人生经验，每节课都有明确的教学目的，乔希都很喜欢。这门课很受欢迎，想选上也不是那么容易，甚至有候补名单。除了喜欢这门课，乔希在上这门课之前还喜欢花点时间坐在这片草地的一棵树下面弹吉他。周围的学生也会围过来听。一把吉他、一首歌、一群观众，足以让乔希心里乐开了花。是的，这就是他要播种种子的地方。

如果达摩能说话，它会跟乔希说这个选择是否正确。但是这可能就是狗儿不能说话的原因，因为狗儿有预知能力。它们知道一些人还不应该知道的事，也知道人应该自己想办法找到答案。如果狗儿跟人分享它们知道的事儿，人就不能亲身经历成为更好的人的必经过程。

达摩的任务是把乔希带到正确的方向上，在乔希犯错的时候，也要无条件地爱他。达摩知道乔希应该在哪儿播种种子，但是达摩要做的并不是直接告诉乔希答案。乔希必须自己想办法找到答案。

第九章

校园人事已非，但有变化之美

校园的变化

—

回到过去太难，人生需要不断克服困难

人不能两次踏进同一条河流。生命的美在于千变万化。这个道理在乔希和达摩逛大学校园的时候变得浅显易懂。乔希毕业才五年,但是校园里到处都是新的大楼和建筑。正值10月下旬,达摩从空气的味道中意识到,又是一年换季的时候了。对乔希来说,空气中充满了学生尽情享受人生的喧嚣和兴奋。乔希带着达摩走在校园里,参观所有乔希最喜欢的地方。他们走到了大一宿舍和联谊会办公室。乔希带着达摩参观了以前上过课的教学楼。"你没来过这些地方。"乔希对达摩说。他想起达摩是大学时期的女朋友送给他的毕业礼物。他还记得那是离开校园的前一天。女朋友把小狗装在盒子里给他的时候，跟他说小狗叫达摩。他打开盒子，觉得自己从未见过这么可爱的东西，当时他就认定了达摩是自己一辈子最好的朋友。"回来看看真不错，是吧，宝贝？"乔希问。乔希带着达摩来到了他和大学时期的女朋友初吻的地方，他的体温立马上升了。当年，他和女朋友来到这儿看日落。校园里的每栋大楼、每个地方，都有故事。数不清的美好回忆和感受涌上了乔希的心头。

乔希满心喜悦，直到他和达摩来到了他准备播种种子的地方。"我的天呀，怎么会这样！"他大声叫了出来。

乔希以前在上课之前弹吉他给同学听的地方，不再是一片草地，变成了一栋新大楼。他的快乐大本营被水泥盖住了，建起了教室、演讲厅和办公室。

达摩舔了舔乔希的手，让乔希知道自己很能理解他的失落感。是的，生命的美在于千变万化。是的，有时候人需要自己想办法克服困难。

"我现在该怎么办，宝贝？"乔希一边说，一边摸着达摩的头。"或许我应该把种子种在校园的另一个地方。又或许这是一个迹象,表明我不应该把种子种在大学里。"他不知道应该怎么解读眼前看到的景象。他从未想过还有其他更适合播种种子的地方。大学时期是他最快乐的时光,所以这儿一定是播种种子的地方。"现在该怎么办?"他大声叫了出来,目光转向那栋曾上过他最喜欢的课、见他最喜欢的教授的大楼。"来,我们去看看教授在不在。"这位教授是他认识的人中一位最有智慧的人,而他现在最需要的就是智慧。

第十章

对话教授,参悟音乐

教授点津

—

大学是小孩蜕变为成人的地方,每个人
都应该奏响自己的人生乐章

他们爬楼梯到二楼,找到了戈德曼教授(Mr. Goldman)。和五年前一样,教授还是坐在以前的小办公室里,房间里还是堆满了杂物。这倒也是,有些东西是一生都不会变的,尤其是一位很有学问但又难以被常人理解的大学教授的办公室。对达摩来说,嗅一嗅就知道教授是个好人。对乔希来说,教授除了头发快没了、脸发福了,一点儿都没变。戈德曼教授看到乔希,眼睛都发光了。"我最爱的学生,最近过得怎样,挺好的吧?"戈德曼教授高兴地问。

"挺好的。"乔希说,"教授,你呢?"

"我很好。"戈德曼说,"就像我经常说的,人越老，越有智慧。我正想跟你说，我前几天才刚想起你，不知道你过得怎样。你在忙些什么呢？"

"你问得也太巧了。"乔希说，"我这次回来就是想弄明白一些事。"刚说完，乔希想要转移话题："你还是在教同样的课吗？"他有点儿尴尬，觉得自己毕业后没做出什么成绩。

"课还是一样，讲的内容不同了。你懂我，我总是在想办法创新，让学生对我的课保持新鲜感。如果我用同样的方式讲同样的课，我不只是在给学生催眠，就连我自己都会睡着。其实我在筹备一些很有意思的新课程。既然我教的是音乐史，我想我应该从音乐的起源找灵感。"

"音乐起源于什么时候？"乔希问。

"从宇宙的起源开始。"戈德曼教授笑着说，"我看过一篇写得很好的文章，讲的是宇宙的音乐。据说，如果一个人想寻找音乐的起源，就得仰望天空，从宇宙的天体开始找，比如太阳、月亮和星星。它们在运转的时候会生成某种形态的音乐。虽然一般人单凭耳朵是听不到这种音乐的，但是不同的宗教都认为，宇宙会生成一种像和声一样的太空精神音乐。比如，佛教认为，人可以通过深入冥想进入意识的更高阶段，就能听到这种音乐。而犹太人认为，宇宙的音乐是宇宙用来歌颂造物者的乐章。

"这篇文章激发了我很多灵感，我突然发现'宇宙'（universe）①这个词的字面意思就是'一首歌'（one song）。我们都活在这首歌里。我们都知道音乐的出现并非偶然。特定的旋律和声音的形成需要通过音符和节奏的编排，这是一个创造的过程。就像你和我创作的音乐一样，是我们对外界的自我表达，这首宇宙之歌是终极造物者对宇宙万物的自我表达。所有的音乐都从这儿开始。音乐史的重要性远远超过我的认知，音乐存在的意义也远比我想象的重大得多。"

"哇！太不可思议了。我从未试过从这个角度看待音乐。"乔希说。他也想知道，自己的存在有什么重大意义。

"所以你想弄明白什么事呢？"就在这时候，戈

---

① 前缀"uni-"意为"单一的"，后缀"verse"意为"诗歌"。

德曼教授提出了这个问题。并不是只有达摩能感觉到乔希的绝望。教授知道，学生回母校不外乎两个原因，要么是怀旧，要么是迷茫。

乔希跟教授说了自己工作的烦恼和老板的最后通牒，但他没有说任何关于农夫和种子的事儿。不过，他提到了自己对于人生意义的困惑以及当老师甚至是当大学教授的可能性。

"乔希，我没办法告诉你老师甚至教授的工作是否适合你。"达摩听到这儿不禁抬起头，因为它早就知道答案，只是一直没说。"但我可以告诉你，"戈德曼教授接着说，"如果你想追寻人生意义，大学不是你能找到的地方。除了少数几个学生，大多数学生都不能在大学里找到自己的人生意义。换句话说，大学是一个让你做好充分准备去追寻人生意义的地方。这儿是你从小孩儿蜕变为成人的地方。你在大学里发现什么是自己喜欢的，什么是自己不喜欢的。你在这儿学会独立、认识自我。所以我认为，你现在更应该问你自己，你在大学里学了什么知识、做了什么准备来实现你的人生意义？为了回答这个问题，你还得问自己另一个问题，你在大学的时候最喜欢做的是什么？"

乔希回想过去的时候，达摩打量了一番乔希和教授的表情。达摩早就知道答案，但沉默了几分钟之后，乔希也想明白了。

"我喜欢做我自己。"乔希说，"我喜欢做自己喜欢的事儿，这样我会觉得很有活力。我还喜欢不断学习和成长。每一天我都觉得我离想成为的自己越来越近。"

"恭喜你找到答案啦。"戈德曼教授说，"你在思考这些答案，回想你在大学里做了什么准备去实现你的人生意义的时候，我相信你一定能找到你想要的答案。成为你想成为的人就是你的人生意义。

"在研究音乐起源的时候，我开始相信我们每个人都是宇宙之歌的一部分。我们存在的意义是创造出生命的交响曲。每个人都有自己的音符要弹奏，你也不能掺和别人的音符。你的任务就是弹奏好你的音符，贡献给这首宇宙之歌。你要弹奏的音符在你出生之前就已经注定了。当你发现了这个音符，你只要带着喜悦的心情用尽浑身解数弹奏，造物者就会笑着聆听了。"戈德曼教授说完就站起来抱了抱乔希，拍了拍达摩的头。他接着说："你回来，我很高兴。虽然我很抱歉，你不能在这儿找到你的人生意义，但是我希望我说的话对你有价值，能帮你找到答案。"

"你说的话很有价值。"乔希说。他很感谢教授的指点，但同时感到难过和烦躁。难过是因为自己没有弹奏好自己的音符。他知道，伟大的音乐需要集众人之力，每个人都要演奏特定的乐器和音符，才能共同奏响天籁之音。但他现在觉得自己就像是在台上忘了应该演奏哪首曲子的音乐家。他不想掺和别人的音符，只想弹奏好自己的音符。但可惜的是，他根本不知道应该弹奏哪个音符，更别说为生命的交响曲能做出什么贡献了。他现在要是站在台上，都可能会因为弹出毫不悦耳的声音，被观众嘘下台。

烦躁是因为之前的迹象把他带到这儿来了。迹象应该是要带他朝着正确的方向走上正确的路。但他现在觉得自己比以前更失望、更迷茫。他和达摩下楼梯走到外面，找了个长椅坐下，开始停下来思考。他们看着眼前人来人往，有的学生进出教室，有的学生围在楼前，聊天、嬉笑、打闹。乔希很羡慕他们，也很羡慕他们拥有的快乐。他也想重新获得快乐。他知道，只要能找到种子的正确位置，同时找到自己的人生意义，他就会重新开心起来。他真的希望能把种子种在大学里。他以前在大学里的日子确实比现在工作开心得多。

乔希想起在大学时期享有的独立和自由，他发现自己走上工作岗位之后就不再有同样的感觉了。他觉得自己不是在做喜欢的事儿。他觉得自己就像是流水线上的工人，即使他不回去，公司也可以轻易找到人替代他。可能有人会问："是不是有人把一件家具从办公室里搬走了？"另一个人可能会答："没有，只是乔希没在这儿上班了。"然后第一个人可能会继续说："原来是这样，难怪我总觉得有点儿不一样。"乔希觉得自己对公司的影响和一件家具没什么不同。

乔希从长椅上站起来，深深地吸了一口气，又看了看这个地方。"如果不是这儿，那是哪里呢？还有哪个地方让我开心过？"他一边自言自语，一边抱了抱达摩，亲了亲它的脸蛋儿。"我还能在哪播种种子呢？"他望向天空，"如果你现在能给我一个明显的迹象，我一看就懂就好了，我现在真的很需要。"

第十一章

偶遇学生,意外收获

轮椅男孩的礼物

我的腿可能虚弱无力,但是我的个
性和意志力坚强有力

达摩对"迹象"十分了解。有时候,你想它们来,它们就来了。但也有可能,你不盼着它们,它们才出现。迹象所表现的含义不一定很明显,有时你甚至会觉得比没有看到它们的时候更迷茫。但最重要的一点是,你需要一直寻找它们,跟着它们,因为最终它们都会把你带到对的地方。

乔希向上帝祈求迹象之后,就和达摩穿过校园,走去停车的地方。是时候离开校园再继续他的旅程了。乔希不知道他们现在要去哪儿,他只知道应该有要去的地方。

他们从一个陡坡走下来,到了停车的位置。乔希打开车门让达摩上车的时候,他看到路的另一边停着一辆车,正好和他的车并排,一个大学生从车里下来。这个青年学生坐上轮椅,面朝着陡坡。

乔希走向这个学生,他发现这个年轻人在调整呼吸,准备上坡。他和达摩刚从这个陡坡下来,他知道这个学生要上坡不容易。乔希走近学生,学生也往前推了几下轮椅。乔希问他要去哪儿,他说要上到坡顶,因为这个坡非常陡,乔希就问学生需不需要帮忙,学生接受了。乔希握着轮椅的把手,他觉得轮椅很轻。他们一边稳稳地上坡,一边分享各自对这所大学和美丽校园风光的喜爱。再多的山坡也不能减少他们对学校的爱。

到了坡顶,学生告诉乔希自己的名字是所罗门,他很感谢乔希的帮助。乔希尽量不看所罗门的腿,回答他说:"我叫乔希,能帮到你,我也很开心。"

"我一般自己一个人爬坡,但是既然你愿意帮我,我心想这又何尝不可呢?我也应该歇会儿了。"学生发自内心地笑着说。他往坡下看了看,沉默了一会儿。"说实话,在我的梦里,我还是可以跑着上坡,就像我以前腿好着的时候一样。"学生说。

"之前发生过什么事吗?"乔希关心地问,第一次把目光放在所罗门的腿上。

"车祸。"所罗门摇着头说,"那次事故很离奇。那天我们刚打完橄榄球洲际总决赛。那是我打过最棒的比赛,负责从大学球队里发掘人才的球探当时也在场。比赛之后,我和几个朋友开车去参加聚会,没想到在路上被一个酒驾司机撞了。我最好的朋友就这样走了,另一个朋友脑震荡,而我……腰部以下全部瘫痪。从那以后,我们的生命就完全不同了。"

"我很遗憾。"乔希说。他不知道还能说些什么了。

"不用为我难过。"所罗门说,"我很感激,至少我还活着。每当我想起过世的朋友,我就更坚定好好活着的信念,为他活出生命的精彩。爬这些坡的不易比起我在生活中遇到的困难,根本不值一提。"

"我想也是。"乔希说。他知道所罗门和同龄人相比要睿智得多。"那你为什么要选这所大学?"乔希问。

"我爷爷以前在这所学校当过橄榄球教练,每个人都管他叫肯教练。"

"我见过他一次。"乔希说,"他是个传奇。"

"他确实是。以前我和父母来看他的时候,我会绕着橄榄球场跑,在这些山坡上来回跑。我的梦想就是在这所学校打橄榄球。但是在车祸之后,我不得不放弃这个梦想。我无法想象我在这所学校上学但又不能在这儿打橄榄球。所以我也申请了几所其他的学校。但是有一天晚上,我和我妈聊完天,我突然发现我可以为这个世界贡献的力量远不止打橄榄球。我妈跟我说,有些梦想是需要放弃的,旧的不去新的不来。所以我还是来了这儿,爬坡,上课,追逐新的梦想。"

"我跟你一样。"乔希心想。他看了看表。达摩还在车里等他。

"你现在对你的梦想有什么想法吗?"

"我还不确定。我有点儿想当教练,或者做企业家,有自己的公司。不管从事哪个行业,我能确定的是我想当领导者。"

乔希微笑着说:"那是当然的,我能看出你有领导范儿。"

"感谢你的鼓励。"所罗门说,"虽然大多数人不会当面打击我,但是我知道他们可能觉得坐轮椅的人很难当领导者。这样想的人都没有好好学历史。罗斯福总统(Franklin Delano Roosevelt)是美国历史上最伟大的领袖之一,同时他也是一个坐在轮椅上的领导者。我的腿可能虚弱无力,但是我的个性和意志力坚强有力。我总是在思考任何一种可能性。我不会让不可能把我困在原地,我会把心思放在我能改变的事情上。"话音刚落,所罗门看了看手机,发现时间已经不早了。"哎呀,学长,说到'可能性',我得赶去上课了。"他俏皮地说。"我不能错过这节'金课'。很高兴认识你。"他一边说,一边伸出手。两人握手之后,乔希点了点头就走开了。乔希能看出所罗门满怀希望,其实他知道自己更需要希望。两人分道扬镳了,所罗门要去教室,继续他的学习和成长,乔希要回到车里,想想其他可能适合种种子的地方。

开车离开校园的时候,乔希不自觉地想起所罗门,开始跟达摩说起他来。乔希跟达摩说，他觉得很内疚、很惭愧，因为他之前竟然觉得自己很可怜。所罗门的遭遇比自己难多了，他也没有怨天尤人。"他身残，但志坚。其实我才是'残障人士'。说实在的，我面临的都不算什么大事儿。我没有理由抱怨。我身体健康。我的心里还有很多梦想在等我发掘；我的人生还有很多可能性在等我追求。我只需要继续这趟旅程，找到播种种子的地方。"乔希说

乔希瞥了达摩一眼，继续说："我跟你说呀，宝贝，我可能不会再见到所罗门了。虽然我只跟他一起走过三个街区，简单地聊了几句，但是他给了我一份礼物。他说话的方式、他脸上的笑容、他眼中的希望，我一辈子都不会忘记。"

不用乔希说这份礼物是什么，达摩都知道。这份礼物告诉乔希，换个角度看生活。面对人生的起起落落，人人都需要这份礼物。达摩知道这份礼物很有分量，因为人生在世，不在于眼前，而在于个人看待事物的观点和角度。

这份礼物可以称为'一个人的观点'。你看待世

界的角度决定了你看到的是礼物还是诅咒。比如，下雨的时候，有的人会埋怨被雨淋湿，有的人会心生感激，因为他们的院子和院里的花儿需要雨水的滋润。

面对不同的挑战，不同的人会有不同的反应。有的人会选择看到正面的结果，有的人会选择看到负面的结果，但其实事情的结果还是未知数。

观点和角度决定了一个人的感觉和做法。有的人可能会被某个特定情境所激励，内心充满正能量，有的人可能会被恐惧所支配。确实是这样，观点和角度真的很重要，因为你如何看待世界决定了你对世界的认识。在所罗门的帮助下，乔希学会了换个角度看待事物。所罗门帮乔希转变了观念，把观点转化为正面观点。这样一来，乔希会开心很多。

乔希从飞机上看迷宫，找到了更高的视角。他现在也能从完全不同的角度看待自己当前的处境。虽然他还在半路上，介于过去所在的地方和未来想去的地方之间。但是他不再迷路了，他又重新找到了方向。好消息是，所罗门给了他一个迹象、一份礼物、一条指引，向下一个目的地的线索。

第十二章

狗的使命与人生的意义

达摩的观点

把心放宽,把心思放在无条件的爱上

有意思的是,关于人生意义,人想得太多了。毕竟,狗儿不需要想那么多。不过,狗儿的生命意义很简单,就是无条件地爱人。的确,狗儿不在乎你做过什么。不管你对他们做了什么,他们还是那么爱你。

人越是学习和成长,越觉得困惑。这是人类的天性。他们把太多的心思放在学习和成长上,忘记了存在的艺术。他们想着争强好胜,忘了仁者爱人。人生来就是要学习和成长,狗儿生来只是为了存在。但是人和狗儿的相似之处是,生来就懂得无条件地爱人。如果人学会把心放宽,把心思放在无条件的爱上,就会开心很多。人要把事情简单化,别想得太复杂。

如果达摩能说话,它也许会让乔希用简单的心看待人生,不要因为忙于工作而忽略了自己喜欢做的事儿。人在一天里要做的事儿有很多,但不是每件事儿他们都喜欢。所以做人比做狗难多了。其实关键在于,专注于工作中最喜欢做的一件事儿并不难,总想着面面俱到却会让人心力交瘁。但压力、忙碌、期限、争执、职场政治,在爱面前都不是事儿。

乔希记得他爱的是什么就够了。或许乔希可以在下一个目的地找到答案。

的确,狗儿的生命也是有意义的,达摩的使命就是爱乔希。尽管乔希有缺点,会犯错,只是个普通人,达摩还是爱着他。乔希并不完美,做的事也不一定是对的,有时候还会做错决定。他的人生还需要好好磨合,但不管怎样,达摩还是无条件地爱着他。

第十三章

回到餐厅,找到快乐

重做服务员的启示

———

腿很酸,但痛并快乐着

卡罗尔仔细地打量了一番空荡荡的餐厅。她不敢想象生意有多糟。相反,她倒是记起以前生意好的时候,餐厅里都坐满了,客人得等一个小时才有位置。老板更在乎餐厅员工、食物品质和客户服务,而不是账目和利润。遗憾的是,那些日子不再有了。买下餐厅的新老板把太多的心思放在最擅长的地方——削减成本,结果利润也在不断下滑。卡罗尔觉得讽刺的是,不看重员工、更看重利润,换来的结果却是失去创造利润的员工。她想重回以前生意好的日子。卡罗尔看着餐厅门口,看到进来吃饭的人,不禁想起以前。

乔希一进餐厅就看到卡罗尔。卡罗尔的发色一如既往的明艳如火,身材还是胖嘟嘟的,一眼就能看出她在餐厅里待了很长时间。虽说她只比乔希大十岁,但是卡罗尔是乔希见过的最佳领导者之一。

"人都去哪了呢?"乔希问,"以往这个点儿应该是人最多的时候呀。"

"别说了。"卡罗尔说,"都是因为新老板。我们撑不到下个月了。"

乔希不太相信地叹了口气。又有一个他准备播种种子的地方快要消失了。

"所以……你最近过得怎样,我好久不见的老朋友?"卡罗尔一边问,一边深情地抱了抱乔希。"见到你真好。我很怀念你在这儿有过的热情。我感觉你不在这儿工作都有五年了。"

"是的,五年了。"乔希说。他不敢想象这五年竟然过得这么快。一方面,他感觉就像昨天还在这儿工作,但另一方面,他又感觉现在的自己和五年前不是同一个人了。他是不是真的跟大学女朋友去过她和家人生活的城市呢?他是不是真的在音乐界追梦的同时去餐厅打过工呢?当时的结果真的那么糟糕吗？他感觉现在的自己和以前不是同一个人，可能是因为他的人生真的变化太大了。也可能是因为以前的痛苦，他希望成为和以前不同的人。

当年，乔希和大学女朋友经常聊起梦想和结婚。他们一开始打算搬到一个双方父母都不在的城市，一起开始新的生活。但后来女朋友改变了主意。迫于父母的压力，女朋友选择了回到父母生活的城市。乔希不得不面临两个选择，要么和她一起回去，要么分手。因为他知道自己无法忍受异地恋。虽然他不想去女朋友家乡，但是为了爱情，他还是去了。他可以为爱情付出一切。他到了那个陌生的城市，就开始找工作。口袋没有多少钱，家人也不在身边。他在现在这个餐厅，找到了一份服务生的工作。他还在城里不同的酒吧当过驻唱歌手。尽管一切都看着不错，他还是觉得应该去别的地方闯一闯。他求女朋友和他一起走，但她不愿意。可能是家人给的压力太大，也可能是她并不是很爱乔希。

离开的欲望越来越强。有一天，他终于跟女朋友说他要走了。两人都知道离开意味着什么。女朋友不愿意和他一起走，他也不愿意留下来。这是乔希一生中最艰难的决定。他连续开了11个小时的车，回到父母家。前途未卜，他痛彻心扉。唯一的安慰就是他带上了达摩。

他离开了女朋友，辞去了餐厅工作，抛开了音乐生涯。最终，经历过一番心灵探索之后，他决定投身商界。有个城市，他一直都喜欢在那儿生活，直到现在他还住在那儿。他在商界发展的第一份工作就在这个城市，这份工作相当不错。虽然他试图忘记以前的痛苦，但是还能记得在餐厅当服务生的美好经历。正是因为这些回忆，还有老朋友卡罗尔，他今天才会回到这家餐厅。当年，在他有需要的时候，卡罗尔给了他一份工作，还教给他客户服务的相关知识。他就是在这学会了与客户沟通的艺术，培养了与不同人打交道的信心。最重要的是，这家餐厅虽然在他前女友居住的城市里，但也是曾经让他开心的地方。

卡罗尔和乔希说起以前的日子，又聊起乔希现在的工作和生活，餐厅里的客人竟然慢慢地多了起来。一部热门的电影刚在附近的影院首映，好像所有看完首映的人都进来了。卡罗尔知道人手不足，难以接待这么多客人,她越来越紧张。她还在想着谁能随叫随到,减轻一下接待的压力,乔希就主动请缨了。

"我不能让你帮忙。"卡罗尔说,"你现在可是个大人物。"

"我不介意。"乔希说,"我很愿意帮你,对我来说也是件好事儿。希望我还记得该怎么做。"

"就像骑车一样,学会了就不会忘记。那就动起来吧!"卡罗尔一边说,一边拉起乔希的手。话音刚落,两人就赶去帮一个忙不过来的服务生了。

卡罗尔是对的。一旦乔希忙着为客人点餐、在厨房帮忙、给客人上菜,他觉得自己好像从未离开过这里。到了晚上打烊的时候,虽然乔希的腿很酸,但是他觉得痛并快乐着。只要朋友有需要,他都愿意帮忙。最重要的是,看到客人享用美食,他会觉得很满足,他很享受这份满足感。

那天晚上,乔希住在附近的酒店里,达摩也躺在他旁边。乔希觉得自己很棒,这种感觉已经很长一段时间都没有过。他决定接受卡罗尔的邀请。未来几天,这部新上映电影的热度还会继续保持,这样的话卡罗尔还是需要帮忙。卡罗尔问乔希能不能在她雇用到新员工之前,暂时承担副经理、传菜员、打荷和其他工作。乔希心想,完全没问题。他有很多可以支配的时间。老朋友需要帮忙的时候,他也愿意服务他人。

第十四章

兼职，找到服务的热情

服务生的启示

我不会认为他们很难伺候，
他们只是需要更多的爱与关怀

在接下来的五天里,乔希尽其所能地帮着处理餐厅的大小事务。达摩躺在经理办公室的时候,乔希忙着点餐、上菜、清桌子、洗餐具和招呼客人。只要是卡罗尔需要他做的事,他都做了,但他最喜欢做的还是招呼客人,跟客人聊天。

乔希见过形形色色的人,每个人都有不同的个性。有的人对他很友善,也很尊重,但有的人认为他任人差遣、低人一等。餐厅里的客人根本不知道乔希的背景,也不知道自己在电视上看过的一些广告是乔希负责设计的。对一些人来说,乔希只是一个普通的服务生,找不到其他更好的工作而已。乔希认为,要想改变这种固有观念，每个人都应该在人生的某个阶段，试着到餐厅当服务生，这样的话他们就会对餐饮业有新的认识，同时学会感谢提供服务的人。有过这种经历的人才会明白，服务生也是有血有肉的人，他们也拥有真实的家庭，遇到真实的挑战，怀着真实的希望，带着真实的梦想。有过服务生体验的人就不会再对这个岗位上的人态度恶劣，还会多给小费。

作为服务生，乔希知道，别人怎么看待他根本不重要，重要的是他自己怎么看待服务这件事。他爱极了。从他为别人提供服务那一刻开始，所有的问题都不是问题。他不用再担心生活、未来和工作，把心思放在让别人快乐就够了。他不确定自己是不是唯一一个这样对待服务的人，但认识同事帕梅拉之后，他知道自己不是一个人。乔希有多喜欢服务这件事，帕梅拉只会有增无减。有一天小休的时候，乔希问帕梅拉为什么这么喜欢这份工作。"因为这是与人打交道的工作。"帕梅拉说，"我单纯喜欢看到餐厅的客人罢了。"

"碰到很难伺候的客人也没关系？"乔希问。他总是希望从每个人身上学到一些东西,在生活中学习,在学习中生活。他想知道帕梅拉为什么会钟爱这份工作。

"是的,碰到再难缠的客人,我也不介意。"帕梅拉笑着说,"但是我不会认为他们很难伺候,他们只是需要更多的爱与关怀。我觉得,他们对服务要求苛刻,是因为有过很不愉快的用餐经历,可能碰到过态度恶劣的服务,所以不待见餐厅的服务生。我认为我的工作就是要赢得他们的信任,让他们看到我愿意尽己所能为他们带来一次愉快的用餐体验。有趣的是,我越关心他们,他们越信任我,越愿意对我敞开心扉,他们对服务的要求就没那么苛刻了。这个过程并不是那么容易,却很有意义。"

"他们会感谢你吗?"乔希问。

"那是当然的。"帕梅拉说,"我在这儿工作四年了,客人给我的节日贺卡能贴满我家的整面墙。他们带着全家老少来吃饭,我就像看着他们的孩子长大一样。即使生意不好的时候,就像最近经常这样,我负责的区域也都能坐满,因为很多客人指名要我服务。"

和帕梅拉聊完之后，乔希就意识到自己为什么这么喜欢当服务生。他和帕梅拉一样喜欢给别人提供服务。

乔希还注意到在餐厅工作的奥妙之处。乔希在餐厅工作的时候，比他"真正的"工作，他做得更认真，虽然干了更多体力活儿，但是每天在餐厅打烊的时候，他反而觉得更精神。他的服务意识越强，补充到的能量越多。他总结出的奥秘是，让人疲倦的不是辛苦工作，而是消极心态。

乔希在餐厅外面等卡罗尔的时候，脑海里都是这几天的经历。他是时候跟卡罗尔道别了。他已经在这儿工作了五天，电影的热度也过了，餐厅的生意又开始大幅回落。乔希知道该走了，还得想想下一站去哪儿。

卡罗尔在餐厅外面跟乔希和达摩道别，又问了一次乔希，愿不愿意留下来和她一起工作，甚至两人合伙开一家新餐厅。可是乔希知道，尽管这家餐厅提起了自己服务他人的热情，但是餐饮业始终不是他的归属。他应该把这份当服务生的热情放到现在的工作或者新的工作上。不管选择什么行业，他都应该带着这种服务意识，全身心地投入工作。

第十五章

回到家乡,做回自己

旅行的启示

—

从过去的经历中提取出自己喜欢的元素转化成生命的一部分,这样才能找到自己的人生意义开车离开的时候,乔希最后看了餐厅一眼。他开始明白,无论他决定在哪儿播种种子,都不会是他以前待过的地方。虽然他跟着迹象回到了曾经让他开心的地方,但是他不应该把种子种在这些地方。他意识到,自己应该寻找的是以前让他充满活力、让他开心快乐的元素。

他想起了飞行员对他说的话,还想到了自己的过去给未来的线索。回到家乡,乔希想到自己的优势和天赋;回到母校,乔希发现自己原来喜欢学习、成长和自立;回到餐厅,乔希找回服务他人的热情。

可惜的是,他没在现在的工作中做这些自己喜欢的事。这份工作不能说是他自己的事业。他没有像在大学的时候那样学习和成长,也没有像在餐厅的时候那样服务他人。他觉得自己的人生停滞不前了,但他不确定是公司的错还是自己的错。唯一确定的是,无论留任原职还是另谋高就,他都需要做出一些改变。

从现在起,他要发挥自己的优势,重新学习、成长和服务。他不想再过得像行尸走肉一般,他要开始活出生命的精彩。他不该当牧师,不该当老师或者教授,也不该从事餐饮业。他应该从过去的经历中提取出自己喜欢的元素,使之成为自己生命的一部分,并希望这些元素能帮他找到自己的人生意义。他现在只希望能在下周之内,也就是给老板答复的截止日期之前,找到自己的人生意义。

第十六章

新工作面试——机会来了

乘务员的启示

做什么工作其实不重要,真正重要的是投入到工作中的精力和意识

乔希一边开车，一边听着旅程乐队（Journey）的《坚信》（*Don't Stop Believing*），但他不确定下一站去哪儿。开车的时候，不知道目的地是哪里的感觉挺奇怪的，但最近他学会了去享受充满不确定性的冒险旅程。他在故地重游的同时发现了新的自己。不知道明天会发生什么往往让人觉得很不自在，但意外的是，他气定神闲，觉得自己走对了路。他相信，只要自己满怀希望地期待迹象出现，迹象就会来临。当他走出加油站的洗手间时，迹象果然出现了。手机响了，是个指引旅程新方向的来电。

给乔希打电话的人是个猎头。六个月前在拉斯维加斯的一场产业大会上,乔希见过她。她向乔希要过名片,说自己可以帮助企业寻找和雇用像乔希这样的人才。当时乔希给了她名片,但从未想过会接到她的电话。恰好就在这个时候,她打电话过来跟乔希说有个机会。他们讲了大概 10 分钟。挂线之后,乔希就跟达摩说了通话内容。

"你相信吗,宝贝?她竟然说我是业界的后起之秀,很多公司知道我。她说有家公司想明天见见我。这家公司在别的城市,我得坐飞机过去。其实他们已经决定雇用我了,所以面试只是走走流程。我们的祈祷总算得到了回应。就是这个了。我敢说把种子种在新工作地应该没错了。这个时机太完美了。"

达摩已经很长一段时间都没有见过乔希这么兴奋了。乔希和达摩走回公寓的路很长,一路上,乔希都很安静,一直在幻想自己的新工作。

乔希想象自己在新的城市生活,住在新的大楼里,带着重新找回的热情和活力在新的办公室里工作。他预见自己用新创意在新公司占有了一席之地。他一想到能从新认识的人身上学到东西,能在新公司里成长，就觉得充满活力。他已经准备好把服务意识放在新工作上，这份新工作会是一个很好的起点。

农夫说得没错。乔希想追寻自己的人生意义，是因为人生意义有待发现，但这不代表可以从过去的经历中找到人生意义。乔希应该把目光放在未来，在新工作中找寻，在能让自己成为应该成为的人的地方中找寻。那里就是乔希应该种种子和实现人生价值的地方。那里是一个新的开始，也是一个迈向新高度的机会。

由于兴奋和幻想，乔希觉得这段路比实际要短一些。他们正好在午夜前到家。乔希马上收拾行李，准备搭乘第二天的早班机出发。他的邻居答应照顾达摩一天。面试一结束，他就会坐最快的一班飞机回家，当天深夜就能到家。现在他需要做的就是睡个好觉，以最佳的状态迎接面试。

第二天清晨，闹钟把乔希从美梦中叫醒了。本希望起床的时候可以神清气爽，但实际上他觉得要睡八个小时才够。他又做了同一个梦，梦见自己把种子种在了办公桌上的花盆里，然后把植物拿出花盆，种在了广阔的田野上。这个梦的寓意还是很不清晰，但是他觉得这是一个迹象，表明自己走对了路。

简单吃了点儿麦片和一根香蕉之后，乔希抱了抱达摩，就出发赶去机场。为了能准时到达登机口，他在航站楼里跑着办理登机手续。在排队登机的时候，他看了看窗外，看到空中一大片乌云。暴风雨快要来了，他希望航班不会延误。在航班预计到达时间之后，面试很快就会开始。延误会打乱他的计划。

乔希登机前，地勤人员扫描他的机票，跟他说了一个好消息——他被升到头等舱了。这又是一个激励乔希的迹象，他觉得自己的前途一片光明。

乔希来到自己的座位，把西装外套给了乘务员。他决定对所有走过的人微笑，看看谁会以微笑回应，谁会觉得他疯了，谁会完全无视他。乔希觉得很有意思。

乔希也会仔细地观察周围的乘务员，他能看出来谁喜欢这份工作，谁态度冷淡，谁不仅讨厌这份工作，甚至厌烦机上的乘客。他觉得有意思的是，不同的人会用截然不同的方式对待相同的工作。他留意到一个乘务员对所有乘客都真挚友好地微笑，她的机舱广播也可以让人发笑。她不只是在履行自己的工作职责，还是在借助自己的工作给别人带来好心情。就像在餐厅工作的帕梅拉一样,她的表现在同事中十分出色。另一个乘务员也很引人注目,可惜的是,她的引人注目在于她令人厌恶的行为举止。她是因为心情不好,还是因为累坏了呢?

乔希突然意识到,做什么工作其实不重要,真正重要的是投入到工作中的精力和意识。他觉得,比起缺少维生素,过度疲劳更有可能由于缺少目标。而他现在正处于缺少目标导致的过度疲劳状态。他摄入了很多维生素,但工作的时候还是觉得很累。他没有那位乘务员表现得出色,不能像她一样在自己的工作岗位上积极正面地影响他人。之前一段时间,他仿佛只是墙上的一块砖。不过,他现在期待的是,带着热情和目标,全身心地投入新的工作中。但前提是飞机必须准时起飞。

机长通过客舱广播宣布,雷暴正在靠近,为了避开暴风雨,飞机马上就要起飞。

"真是太好了。"乔希大声地说了出来,看了看头等舱的其他乘客。有的人坐在飞机上几个小时也不和旁边的人说一句话，他觉得很奇怪，也很可悲。"嗨，我叫某某某。我想睡会儿觉，麻烦你别跟我说话。"别说这么长的一句话，就连"你好""你好吗"，他们也不愿意说。乔希认为，既然坐在旁边，至少应该跟对方介绍一下自己。他用这种方式认识过很多优秀的人，有过一些很有意思的对话。他有个"5分钟秘诀"。他会花5分钟的时间，跟旁边的人介绍自己，然后简单地聊几句。如果聊得来，或者说双方都愿意相互分享和学习，他就会在这5分钟之内感知到这种意愿，然后全程跟对方聊天，直到离开飞机。如果聊不来，他就会拿出平板电脑，听听音乐，看看电影，看看书，或者做点儿别的。

这次坐在乔希旁边的男士看起来大概55岁，应该是一家《财富》500强企业的高管。乔希准备跟他介绍自己的时候，并不知道这段对话会不会超过5分钟。

第十七章

快乐源于我们对工作的感受

乔治的启示

———

快乐是一种心境,也是一个选择,我们的快乐
不是源于从事什么工作,而是源于我们
如何感受这份工作

乔希转身准备介绍自己的时候，旁边的男士正在看报纸。

"你好，我叫乔希。"

旁边的男士抬起了头，放下报纸，面向乔希，和乔希握了握手。"我叫乔治。很高兴认识你。"

"希望飞机能准时起飞。"

"我也是。"乔治表现出加入对话的意愿，"你是要去参加重要会议吗？"

"是的。求职面试。"

"原来是这样。"乔治点了点头，"你找工作很久了吗？"

乔希笑了。"也不是,我已经有一份工作了,可是另外一家公司想雇用我。说来话长。最近两周,我在休假,突然接到一个猎头的电话,跟我说有个很好的工作机会,所以我现在飞过去面试。我没有专门找工作,只是工作找上门了。"

"所以现在的工作做得不开心吗?"乔治问。

"也不是,我没有觉得不开心。"乔希回答,"我只是觉得新的工作会做得更开心。我想应该是个好机会。"

"为什么你觉得新的工作会做得更开心呢?"

"我不知道。"乔希摇了摇头,"我想就是直觉吧。"

乔治摇了摇头,笑了起来,但不是因为被乔希逗乐了。乔希知道,乔治的笑别有原因。乔希看了看表,这段对话持续了两分钟,他是时候拿出平板电脑了。

乔希还没拿出平板电脑,乔治就继续说话了。"抱歉,失礼了,我不应该笑的。"乔治诚恳地说,"只是每个人总觉得到了别的地方就会更开心。他们从一份工作换到另一份工作,从一段婚姻转到另一段婚姻,总是在寻找更多,但其实真正应该寻找的,一直在他们心里。老话说得好：'身在，心在。'你到了我的年纪，你就会明白关键不在于你的工作。找到新的工作也不意味着你就会更开心。关键在于你心里怎么想。我们的快乐，和外部的力量没有多大关系，和我们的想法有密切联系。快乐是一种心境，也是一个选择。"

"难道你不觉得从事某些工作会更开心吗？"乔希问，"比如说，如果每天都像会计师一样和数字打交道，我觉得我会很痛苦。"

乔治用手托着下巴，想了一会儿。"无可否认，有些工作更能激发你的工作热情。有的人喜欢数字，所以他们喜欢从事和数字打交道的工作。如果你喜欢一份工作，同时也很擅长这一方面，那么很大可能你从事这份工作会更开心。不过，说到在工作中寻找快乐这个话题，需要考虑的远不止这些。

"我见过很多公交司机、保安、快餐店员工，他们比起年薪数百万美元的高管，对自己的工作更有热情，做得更开心。我很相信，我们的快乐不是源于从事什么工作，而是源于我们如何感受这份工作。

"我们看待工作、感受工作、进行工作的方式，都会影响我们在工作中的快乐。"说完之后,乔治沉默了一会儿,然后轻声地对乔希说:"乔希,我相信,只要你决定带着愉快的心情工作,不管你在哪儿工作都能找到快乐。"

这时候,机长通过客舱广播宣布最新通知,可是对乔希来说并不是个好事儿。塔台要求所有航班暂停起飞。飞机可以滑行回到登机口,乘客可以回到航站楼。不过,如果塔台允许航班起飞,乘客重新登机就需要更长的时间。更好的选择是,乘客留在飞机上,一旦天气条件允许,飞机可以马上起飞。航班预计会延误一个小时。

乔希跟乔治说了一声"不好意思",然后拿出手机,给猎头打电话留了信息。由于航班延误,他不能准时参加面试,希望面试时间可以稍微推迟一点。

"该发生的总会发生。"乔治安慰忐忑不安的乔希,"有人跟我说过,所有事情都是事出有因。我也是这样看待生活的。"

但是乔希根本没在听。他在想乔治刚才说到的对快乐的理解,又想起了农夫对他说过的话,不要被惯性思维欺骗，而是要从心出发。自己现在是不是在跟着惯性思维走，而不是跟着内心走呢？他把心思放在寻找快乐上，是不是反而误导了自己呢？乔希比之前更迷茫了。

"你怎么知道这个新机会不适合我呢？"乔希问，"谁能说这份新工作不是上帝给我安排的呢？"

乔治又笑了起来，但这次是因为被乔希逗乐了。"我不能假装知道上帝的安排。上帝的安排只有上帝知道。但我知道的是，如果你把快乐作为人生导航定位系统的话，那么你需要分外小心。"不知道是不是为了印证乔希的想法，乔治又补充说："快乐可能会骗人，也不好琢磨，还有误导性。我有不少朋友因为喜欢烹饪所以开了餐厅，结果发现经营起来很不容易，因为餐厅的大小事务都要顾及。我还有个喜欢画画的朋友，但她不想以此为生。我妻子最好的朋友很喜欢装饰美化自己的家，她觉得做这件事最开心，但从事室内设计的时候，她又觉得不开心。事实上，你喜欢做的事情并不代表要成为你所从事的职业。有些兴趣只是兴趣罢了，不要当成职业。"

乔希心里知道乔治说得对。他也是这样看待传教的，传教肯定不会成为他的职业。但他不确定的是，单纯因为自己觉得在新公司工作会更开心，是不是就应该加入新公司。可能本来他就不应该寻找快乐？

几秒钟之后，乔希接到了猎头的电话。推迟面试时间不是问题。猎头让乔希在飞机起飞之前打电话说一声，公司可以据此安排面试时间。听到这个消息，乔希松了口气。他觉得，这是一个迹象，表明乔治是错的。他还是觉得新的工作会做得更开心。

"如果我不应该把快乐作为人生导航定位系统的话，那么我应该怎么做呢？我如何知道自己应该另谋高就还是留任原职呢？"乔希问。

乔治想了一会儿。他花了一辈子时间思考这样的问题，也知道不是每个人都会相信他所相信的，所以他想用乔希能够理解的方式来解释。

"首先我想说的是，你应该寻找迹象，找到之后跟着它们。"

整个上午，乔希第一次感到兴奋。他说："所以你也相信迹象对吧？"乔治松了口气。要不是乔希也相信迹象,双方可能就聊不下去了。"是的,我相信迹象。"乔治回答的时候眼睛都发光了,"自从我遇到一个公交司机教我如何看路标以外的标志,教我如何跟随指引人生方向的迹象,我就开始相信迹象了。"

"但是如果迹象不清晰怎么办呢?"乔希问,"有时候迹象好像同时指向两个不同方向。你懂我的意思吧?"

"我懂你的意思。"乔治说,"迹象不清晰的时候,你可以问自己几个简单的问题:我已经在现在的工作中学到了应该学的东西了吗?我在这儿还有没有成长的机会呢?我有没有全身心地投入工作中,把自己的优势发挥到极致呢?我有没有充分发挥自己的潜能呢?

"如果你已经在现在的工作中学到了应该学的东西,已经没有成长的空间,已经全身心地投入工作中,觉得已经充分发挥自己的潜能,那么你是时候另谋高就了。但是,如果你在现在的工作中仍有可以学习的东西,仍有成长的机会,仍未充分发挥自己的潜能,那么你应该留任原职。下定决心,投入自己百分之百的精力,尽己所能,做到最好。

"如果命中注定你应该在其他地方发展,那么总有一些事会发生,你自然而然就会离开现在的工作岗位。你可能会获得内部晋升的机会,也可能会被辞退,不过,这只是一个迹象,表明更好的工作在等着你。尽管每天都有人失业,但我知道这是因为这些人应该在其他地方学习和成长。这些人往往认为自己是被辞退了,我反而认为他们获得了晋升的机会。我知道逆境不是绝境,只是去实现比你想象中更好的结果的必经之路。要不我再给你讲个故事?你可能更容易理解。"

乔希看了看表。延误早就超过一个小时了,但是外面天色依然暗如黑夜。"愿闻其详。"乔希说。他希望听完乔治的故事之后能更容易做决定。

"多年前的一天,我坐公交车去上班。不过,我是没有选择才坐公交车,因为我的车坏了。我的婚姻、我的工作、我的人生都出了点儿问题。我不想跟任何人说话。但是公交司机不想我坐在车里孤零零地哭。我们开始说话,就是这样,她改变了我的人生。从那以后，我跟自己约定，凡是我能帮助的人，还有能帮助我的人，我都会跟他们说话。我学到了，我们都是老师，也是学生。一个生命可以感动另一个生命，另一个生命也可以感动其他生命。

"所以，自从公交司机帮过我之后，我的事业开始起飞。我从营销经理做起，升到营销总监，最终成为公司的区域总监。工作很顺利。我的家人很开心，我也很开心。后来有一天，一个猎头给我打电话，问我有没有兴趣跳槽到其他公司。我不知道为什么我当时会说有兴趣，但是我真的就是那样说的。从那以后，工作机会一个接着一个出现。惯性思维真是最厉害的骗子，一开始告诉我，在其他地方工作会更开心，还说我在新公司工作会有更多权力和影响力，也会为我的家庭赚更多钱。所以我接受了其中一个工作机会，决定离开当时的工作岗位。但是回想起来，我在原来的工作中还没充分发挥自己的潜能，还有成长的空间。我走得太早了。回想起来，当时的迹象其实很清晰，只是因为骄傲，我忽视了。

"就是这样，我加入了新公司。可是不到一年，经济开始衰退，我也被辞退了。那时候，我迷失了。谁会雇用一个50多岁的人呢？有一天，我走在沙滩上，我在那里有一间度假屋，因为未按时还款即将被银行收回。我当时想，如果我就这样跳到海里，人生可能会简单很多。但是我又想到了我的儿子，他那时可能比你现在还年轻。我想，如果我现在放弃了，那么对我的儿子来说意味着什么呢？如果我不能克服这些挑战，我的儿子也不会懂得克服挑战。我需要用行动告诉我的儿子，他的父亲即使被打倒了，还是可以重新站起来……这样的话，如果他被生活打倒了，他会知道自己也可以重新站起来。

"从那以后，这个目标一直激励着我，我很想用行动告诉我的儿子，我即使被打倒了，还是可以重新站起来。我重新修改了我的简历，给业内的朋友和同僚打电话，联系不同公司表明求职意向。在接下来的几个月里，我参加了很多面试，收到了几个工作邀请。现在我每天都全身心地投入工作中，在新公司里学习和成长。有趣的是，我现在也是区域总监，和我在旧公司里的职位一样。"

"哇！这个故事太精彩了。"乔希说。他想起自己也是一直受到父亲的启发。"我相信你的儿子一定为你感到非常骄傲。"

"的确。"乔治说，"我的妻子和女儿也是。我们可以跟自己的孩子分享的最重要的人生经验是如何创造属于自己的人生，以及如何面对逆境。被辞退是我生命中遇到过的最困难的事情，但是回想起来，我才发现失业是给我的一个教训，因为我还没准备好就离开了之前的工作岗位。这个年头，每一个年轻人都想成为首席执行官，但又不愿意脚踏实地，一步一个脚印。我学到了，欲速则不达。关键不在于你在哪儿更开心。未来往往看起来比现在更有吸引力，因为未来充满幻想，不是现实。关键在于，在身处的地方，把幻想变为现实。工作如此，感情也是，生活亦然。"

乔希看到猎头发来的手机短信。她想知道航班的最新消息。乔希回复她："仍在延误，等候通知。"他等着机长的通知，也等着有人通知他应该怎么做。乔治说的话很有道理，但是新工作也充满诱惑，难以忽视。乔希抬头望着乔治，试图印证自己的想法。"所以，你做决定的时候，并不关心你在哪儿最开心，你关心的是在哪儿学到的东西最多，选择你可以继续成长、充分发挥潜能的地方。如果身处的地方，已经没有成长的空间，那么是时候到其他地方继续成长了。但是不要因为遇到挑战而离开。你在遇到困难的地方可以学到应该学的东西。人一遇到困难就想逃避。但是要想成长，你就必须面对困难，总结经验。在工作和学习中，我们经常会遇到不开心的事情，但是我们可以吸取教训，才能更好地在未来享受幸福。每份工作不论好坏，都是训练我们应对未来。每一次挑战，只会让我们变得更坚强。"

乔希点了点头，他知道乔治说的是对的。可能他就是逃避困难，可能他就是沉迷幻想，不想创造有意义的人生。"我应该怎么做呢？"乔希看着手机短信，声音带着一丝绝望。

"下定决心，全身心地投入工作中。"乔治坚定地说，"当时我失去了这种热情，这也是我离职的原因之一。但是回想起来，工作没变，是我变了。我现在知道，如果你带着热情和目标，全身心地投入工作，快乐只不过是工作过程中的副产品。你不用刻意寻找快乐，快乐自然会找你。"

乔希无法相信乔治刚刚竟然提到了热情和目标。热情和目标就是乔希一直寻找的迹象。他摸了摸口袋里的种子，又想起了农夫跟他说过的话。只要找到种这颗种子的地方，他就会找到他的目标。他陷入了沉思，差点儿错过了客舱广播。机长接到塔台通知，要求飞机滑回登机口，本次航班取消，乘客只能改签其他航班。

乔希走出飞机，觉得很累，心里很沮丧，也很矛盾。他跟乔治道别，交换了名片，也很感谢乔治的建议。他很想和乔治保持联络。他通过航班信息显示屏看到了飞往面试城市的其他航班。有三个航班可以让他赶上下午的面试。"我还去吗？"他问自己。他心里倾向一个决定，但又不能完全说服自己。"有些困难是对我们的考验。"他想，"有些困难是为了防止我们做出伤害自己的事情。现在是哪一种呢？"

乔希记得农夫跟他说过要听从自己的内心，所以他决定跟着最触动心灵、最铿锵有力的迹象。乔治说了乔希需要知道的事实。乔希相信，乔治说的话和航班取消都是带乔希走上正确的路的迹象。乔希转身背对航班信息显示屏,走向机场出口,给猎头打电话。他不会坐下一班飞机了。他不去面试了。他决定回到现在的工作岗位,继续发挥自己的潜能。

第十八章

热爱工作,活在当下

自我的启示

把种子种在现在工作的地方,带着对学习、成长和服务的热爱,全身心地投入工作中

做一个决定并不难,难的是付诸行动。从机场开车回家的路上,乔希心里都是这样想的。乔治说,如果带着热情和目标,全身心地投入工作,快乐是工作过程中的副产品。但问题是,乔希在现在的工作中真能做到吗?这份工作已经没有新鲜感了,他还能继续学习、成长和服务吗?在新公司工作的想法,是之前的幻想,让他很激动,但目前他希望在现在的工作中可以把幻想变为现实。

乔希看着手上的种子。"是的,我现在知道在哪儿播种种子了。"他跟自己说。乔治说到充分发挥潜能的时候,其实乔希心里已经知道了答案。你不能把种子种在过去,也不能把种子种在未来,你只能把种子种在当下。

答案一直在乔希眼前,但他一直没有发现。他早就应该知道的。人生最重大的问题,其答案往往是最简单的。他打算把种子种在现在工作的地方,带着对学习、成长和服务的热爱,全身心地投入工作中。

正如乔治所说,如果命中注定乔希应该在现在的公司中继续成长,那么他就会成长。如果命中注定乔希应该在其他公司晋升和发展,那么事情自然就会发生。乔希需要做的就是相信这个过程,把种子种在当前机会所在的地方,不管在哪儿。

乔希记得农夫跟他说过找到种种子的地方之后要回去看看。离答复老板的截止日期还有几天的时间,乔希决定第二天回去看看农夫。他已经决定了在哪儿播种种子,但是还没找到自己的目标。也许农夫能帮他发现他错过了什么。

第十九章

万物皆有时节

宇宙规律
|
放慢脚步,让生活的过程塑造自己

乔希走进公寓，看到达摩躺在地上。达摩抬头望着乔希，好像在说："我等你好久了。"

达摩翻过身四脚朝天，乔希扑过去摸了摸它的肚皮。乔希并不知道纯粹的快乐是什么，因为他总是琢磨着未来的事。就像大多数人一样，他希望未来的事现在就发生，却不能享受当下。

这种状态很糟糕。这种状态影响了太多人，包括乔希在内。人花了太多时间怀念过去、幻想未来，没有全身心地享受当下。狗儿知道如何享受当下。但是对人来说，如何享受当下是最大的难题之一。狗儿受限于不能说话，人却因为想得太多，反而困住了自己。

像乔希这样的年轻人，只顾着琢磨未来的状态更是糟糕。好像越年轻的人，越觉得宇宙是围绕他们和他们的时间规划运转的。乔希的朋友经常说，希望在 30 岁前成为公司总裁。但宇宙不是围绕他们的时间规划运转的。宇宙是围绕上帝的完美安排（God's Perfect Timing）运转的。世间万物皆有时节。会有工作的时候，也有休息的时候。事情的发生和延误，皆有定时。人生遭遇延误总有原因。人不喜欢延误，但延误是学习和成长过程中的必经之事。在延误的时间里，你可以反思、学习、成长，给人物和事件留出充分的准备时间。到了一定的时间，所有事情都会按照完美安排，通过既定的方式发生。你总得经历一个过程，才能塑造出最好的自己，迎接你的未来。延误和挑战，都是这个过程不可或缺的一部分。在这个过程中，你不能太着急。着急只会带来压力，阻碍你看到并跟随正确道路上的迹象。着急只会导致你抓住并未准备好的机会，最终只能以失败收场。最好的方式是放慢脚步，顺着这个过程，让生活塑造你。这样一来，你才能为未来做好充分准备，同时享受当下。

第二十章

你自己就是这颗种子

农夫的智慧

—

一旦你决定把种子种在身处的地方，
你就会发现自己就是这颗种子

虽然离上次来农场还不到两周,但是乔希感觉好像过了一辈子那么久。冷空气南下,强风肆虐。因为是工作日,农场里的人不多,也不见飞行员和排队登机从高处看迷宫的人。天空由蓝变灰。两周前空气里还弥漫着喧嚣和兴奋的气息,此时的农场却万籁俱寂。乔希把达摩留在车里,自己去找农夫。乔希找遍了农场也没看到农夫。乔希心想,农夫肯定在迷宫里,因为还有些人来迷宫玩儿,大多是父母带着小孩儿。人们都在上班或者上学,仍有些小孩和满怀热情的年轻人来迷宫冒险。

现在,乔希学会了从不同的角度看迷宫。他从更高的视角看过迷宫,就不再害怕迷路了。他带着信心走进迷宫，知道起点和终点其实是相互连接的。他穿梭在迷宫里寻找农夫，一点儿也不害怕。走到一个位置，眼前出现了一面玉米秸秆墙，他需要做出选择。应该走左边还是右边呢？他想起了自己面临的新问题，相信农夫还会给他指点迷津。他弯下腰系鞋带的时候，看到一双鞋子，有人站在他面前。他抬头一看，发现就是农夫，他高兴极了。"我正找你呢。"乔希兴奋地说。

"乔希，你回来，我很高兴。"农夫的寒暄让乔希知道农夫还记得他，"这次你看起来从容多了。我猜你的旅程应该很顺利对吧？"

"可以说是，也可以说不是。"乔希回答，"我决定了在哪儿种下你给我的种子。但你曾经说过，只要找到播种种子的地方，我就会找到我的目标。可是我现在还没找到我的目标。"

农夫笑了，说："乔希，你说的没错。我的确说过你会找到你的目标，但我没有说过你会马上找到。人生意义需要时间慢慢呈现。尽管你想在两天内、两周内或者两个月内找到，人生意义也只会按照既定的时间呈现。不过，有一件事，我可以向你保证。我能把农场作为赌注跟你打赌,你的人生意义已经有部分呈现出来了,只是你没发现而已。我问你一个问题,在你找地方播种种子的过程中,你学到了什么呢?"

"我学到了从过去的经历中吸取教训,总结经验,迎接未来。我还学到了,即使我可以从过去的经历中学习,我也不能把种子种在过去。我也意识到,我不能把种子种在未来。我只能把种子种在身处的地方,种在当下,所以我需要把种子种在现在工作的地方,在现在的工作中把心思放在学习、成长和服务上。"

"你看看,我就说嘛。"农夫说,"你的人生意义已经呈现出来了。虽然不是全部,但至少是第一层。所以说,人生意义就像洋葱一样,有很多层。人生意义的第一层,就是把种子种在你身处的地方,同时下定决心完成人生使命,也就是发挥你的优势、天赋和才能,尽己所能,完成使命。"

"乔希,一旦你决定把种子种在身处的地方,你就会发现自己就是这颗种子。这不只是种种子的问题。关键在于要把你自己这颗种子种在合适的地方。有一个过程,种子必须经历,才能开出命运安排的花儿。你也一样，必须经历同样的过程。

"你经历这个过程的时候，就像剥洋葱，你的人生意义会一层一层地呈现出来，然后你就会意识到，所有人生经历都是完成人生使命的准备过程。关键不在于你的工作，也不在于你是企业家、学生、老师还是运动员。关键在于活在当下，为了实现更大的人生意义，活出生命的精彩。"

"好吧，这个过程得花多长时间呢？"乔希问。他知道自己想实现更大的人生意义，但不知道自己有没有耐心走完这个过程。

"乔希，这个过程需要持续一辈子。实现人生意义不是一朝一夕的事情，而是生命本身。"说完之后，农夫沉默了一会儿，捡起一根玉米秸秆，一边看，一边说："话虽如此，不同的人会在不同的时间找到属于自己的人生意义。有的人在年纪较小的时候就决定把自己这颗种子种下来，有的人在年纪较大的时候才决定把自己这颗种子种下来。可惜的是，还有的人无所作为，只是过着漫无目的的人生。

"每个人都是独一无二的。每个人都要经历与众不同的过程和环境才能找到和实现自己的人生意义。不过，可以确定的是，在人生意义的呈现过程中，每个人都要经历四个阶段。每个人进入不同阶段的时间不尽相同。每个阶段持续的时间，取决于每个人独特的人生意义和旅程。不过，唯一不变的是，每个人都要经历四个阶段，才能找到和实现自己的人生意义。这个过程和你的年龄、职业、学历无关，唯一重要的是让自己成为应该成为的人。"

这个时候，乔希听到风铃发出悦耳的声音，他想起教授跟他说过的"宇宙的音乐"，每个人要弹奏好自己的音符，贡献给生命的交响曲。音乐创作的确有个过程，既有灵感来临的伟大时刻，也有平衡挣扎和怀疑的内心斗争。音乐创作是一个激动人心的过程，但是往往充满挑战。这个过程，乔希经历过很多次，虽然很痛苦，但是有必要。乔希有种感觉，追寻人生意义的过程，也是这样。他能预见这个过程的痛苦之处，不禁望而却步，虽然他知道这是一个必经过程。尽管不太情愿，他还是决定请农夫解释清楚这四个阶段。

第二十一章

人生的四个阶段

农夫的智慧

—

一旦知道自己的人生意义,你就能
激发内心力量,点燃所有创意

农夫从未跟乔希说过自己的名字，但是不知道为什么，乔希觉得已经认识农夫一辈子了。农夫的发色、胡子和衣服让他看起来很显老。乔希第一次近看农夫的脸，才发现农夫就像年轻人一样容光焕发。农夫说到人生意义的时候，蓝色的眼睛都发光了。

"你已经走完第一阶段了。"农夫说，"当一个人决定在哪儿种种子，这个阶段就结束了。第一阶段是准备阶段。准备阶段包括你的出生、你的家庭、你的劣势和优势、你的天赋、你的热情、你的出生地、你的经历、你的挑战、你的人生教训。这些都是你把自己这颗种子种下来之前的准备。

"这个阶段让你变得独一无二，你的个人特征会逐渐形成，决定你会成长为什么样的人。在这个阶段，你可能会面对不同形式的逆境，但是逆境可以让你做好实现自己人生意义的充分准备。没有经历过黑暗的人，是无法懂得光明的。不经历追寻人生意义过程中的风雨，怎能见实现人生意义那刻的彩虹？"

接着，农夫弯下腰，抓起一把泥土，捧在手上给乔希看。"对很多人来说，逆境是一段干涸期。"农夫说，"在干涸期中，你可能会缺乏想法、金钱、好运、关系和成功。在这个时期中，你也可能会失业，或者经历爱人过世、自身生病的伤痛。这还是一个充满不确定性和恐惧的时期。这些时候，你觉得自己身处沙漠，世间的繁华、健康和成功遥不可及。你觉得饥渴难耐，只想找到一些东西维持生命，可是心灰意冷，因为自己被困在沙漠里，不知所措。

"不过，当你走到人生意义的其他阶段，不妨回头看看准备阶段，你会发现正是干涸期成就了今天的你，最大的挑战可能是为了让你做好充分准备去实现自己的人生意义，最痛的经历也只是为了让你做好充分准备去完成最大的人生使命。

"就像在干旱气候条件下,植物的根会伸到地下更深的地方寻找水源。你在干涸期中也会主动寻找问题的答案和转机的源泉。正是因为挣扎和寻找,把自己这颗种子种下来的意愿在你心里才逐渐形成。"

"我太同意了。"乔希说,"在过去一年里,我失去了一切。我的想法、我的热情、我的成功,都没了。我知道干旱不算严重,但是过去一年确实是没有收获的一年。"

"干旱总会发生。有时候不太严重,持续时间较短,但是总会带你走到不同的地方。你的干涸期把你带到哪儿了呢?"农夫问。

"把我带到了你面前。"乔希坚定地说,"带我追寻人生意义,带我回到过去,我决定了把种子种在现在工作的地方。"

"把自己这颗种子种下来之后,你希望开出什么样的花儿呢?"农夫问。

"说实话,我希望对自己的工作更有热情,目标更明确。"乔希说。他想起了和乔治的对话,接着说:

"如果更大的人生意义可以呈现出来,就是给我最好的礼物。"

"你这样说,我很高兴,因为你即将进入实现人生意义的第二阶段。第二阶段是种植阶段。"农夫说话的时候,他的脸和蓝色的眼睛都发光了。"准备阶段,顾名思义就是种植阶段的准备。准备阶段能帮你找到播种种子的正确位置,让你做好充分准备把自己这颗种子种下来。往往在准备阶段的某个决定性时刻,你会决定在哪儿种种子。你经历过决定性时刻吗?"农夫问。

"我经历过。我在飞机上见过一个人,他跟我说了自己的人生故事,我知道这是指引人生方向的迹象。"

"你说得没错。我喜欢迹象指引人生方向的方式,迹象总有办法把不同的人在各自的人生旅程中联系起来,为他们指引人生方向。对你来说,决定性时刻出现在一段对话中。对其他人来说,决定性时刻可能来自一次危机、一场疾病、祈祷时刻、朋友或陌生人的建议、积极情绪、内心信念,也可能源于一个迹象,让你全身的细胞都知道应该怎么做。不管出现在什么时候,决定性时刻就是你决定把自己这颗种子种在当下的时候。

"在种植阶段,你会发现关键不在于别人对你的期望,甚至不在于你对自己的期望。关键在于你的人生使命。所以说,乔希,种子被种在地下的时候,必须放弃自己的梦想和欲望。只有种子死亡,更伟大的事物才能诞生,才能破土而出,发芽滋长,不再是刚开始不起眼的种子。不管你在企业、医院还是学校工作,不管你是企业家、运动员、艺术家、歌手还是全职父母,不管你在生活中担任什么角色,你决定把自己这颗种子种在当下,尽己所能,服务他人。一旦你决定把自己这颗种子种下来,你就会进入下一个阶段。不过,你现在还在第二阶段。第三阶段激动人心、充满挑战,但是经历过起起落落之后,我希望你记得这些经历是人生意义的第三阶段不可或缺的一部分。第三阶段是成长阶段。"

"成长阶段持续多长时间呢?"

"取决于不同人的情况。我说不准。只有种子的创造者和种子本身知道,种子应该长成什么,种子成长过程持续多久,种子可以长得多高。

"但是我可以跟你说,一旦你决定把自己这颗种子种下来,你就会马上开始成长。在这个阶段,种子赋予植物生命。你会开始生根成长。你会遇到所有磨炼你成长的事情。新手的好运就这样出现了。对的人和事会出现在你面前,你可以更好地成长。当你放轻自己,决定把自己这颗种子种下来,上帝就会移天动地,为你的成长保驾护航,你就能经历最后一个阶段,也就是第四阶段。"

"但是成长并不总是一帆风顺。"乔希说。他听过太多父亲的讲道,知道成长是振奋人心和充满挑战的人生经历的副产品。

"你说得没错。"农夫说,"你真是一个很有智慧的年轻人。在成长过程中,你会遇到助你迈向新高度的事情,同时你也会面对助你打牢基础的逆境和挑战。你会吸收成长养分,更好地进入最后阶段。你会像被修剪过的灌木丛一样,遇到一些看起来是挫折的事情,实际上这些事情是为了让你成为应该成为的人。有时候,你会说'我能做到'以及'我走对了路'。不过,你会遇到挑战,也会遇到磨炼你意志的人,他们会让你怀疑自己,不知道自己是不是真的走对了路。"

"我明白你说的挑战。"乔希说,"我的父亲经常说,人往往认为福气装在包装精美的方盒子里,但是福气往往伪装成拆房子用的大铁球,准备摧毁你认知的世界,这样的话你就能以信心和信任为基础,重建你的人生。有时候,我们必须被打倒,才能迈向新高度。"

"你说得没错。"农夫说,"没有牢固的基础,难以迈向新高度。"

"我知道我会遇到老爱唱反调的人。"乔希知道老爱唱反调的人会逐步削弱他的基础,"在工作中,这种人有的是。"

"在生活中也有的是这种人。"农夫回答,"你要记住,你的人生意义和个人信念一定比别人的意见更重要。你可能也会怀疑自己,而且自己对自己的批评比别人对自己的批评,更具危险性,更容易摧毁你的梦想。你也许会问自己，我有什么能耐当领导者呢？我有什么能耐从事这份工作呢？我有什么能耐坐上这个职位呢？这些时候，你需要发挥对自身价值的热情和欲望，必须克服你的内心恐惧和自我怀疑。你还要记住，上帝的思想比你的思想更深邃，上帝的计划比你的计划更周全。比起相信自己的有限思维，你更应该相信上帝的计划。这样一来，你所能实现的远超你想象。你不是非得要改变世界，你只需要满怀热情，热心服务。如果你能做到，上帝会帮你克服自我怀疑，祝福你，保佑你，让你成为其他人的福气。"

乔希弯下腰，抓起一把泥土，捧在手上感受冷冰冰的土壤。他对自我怀疑十分了解。虽然他在很多方面都很自信，但是他也有过很多自我怀疑的经历。

"我也有过嫉妒的感觉。"乔希说。他知道，当他拿自己的成功和别人做比较，自我怀疑就会露出丑陋的一面。每当他觉得自己比不上别人，他就会感到失望和落魄。

"千万、千万、千万不要拿自己和别人做比较。"农夫坚定地说，"成长过程中最大的敌人是自我，认为自己不重要,自己的成长也不重要。别人取得了更多物质上的成功,获得了更高的地位,并不代表他们比你更重要。每个人都在走一条自己的路,每个人都有自己的时间规划,每个人都有自己的人生意义和生存理由。只要你专注于自己的成长,到了最后阶段的时候,你就会明白你对这个世界多么重要。"

乔希想起教授跟他说过要弹奏好自己的音符。他觉得不可思议的是,生命中的一切都遵循这个原则。音乐、种子和人类都有自己的节奏和过程,部分构成了整体——一棵棵植物构成了整个生态系统,一个个音符构成了整首交响曲,一个个个体构成了整个社会。他想,世间的一切都很重要,我们每个人都很重要。

"如果我对这个世界很重要,那么我的人生肯定会遇到困难。"乔希说。他想起父亲跟他分享过的故事,那些多年来克服困难的人改变了历史,也改变了世界。

"你说得没错。"农夫说,"进入最后阶段之前,这些困难会考验你。我们活在一个二元对立的宇宙里——光明和黑暗、上升和下降、炎热和寒冷。一切都是宇宙的一部分。在努力追寻人生意义的过程中，你也会遇到阻碍你的外力。而且，你越接近终极目标，阻力越强。在黑暗中找到光明的人，都能顺利进入最后阶段。可惜的是，有太多的人在成长阶段就放弃了。这些考验很难通过，很折磨人，人的意志和信心会动摇。最遗憾的是，到了即将进入最后阶段的时候，很多人放弃了。如果可以坚持下去，他们就能体验到世界上最美好的感受。"

"最后阶段是什么阶段？"乔希想知道，也想体验世界上最美好的感受。

"我不能跟你说。"农夫回答，"靠自己找到答案的话，你的感悟会更深刻。但是我可以跟你说，一旦你从第三阶段进入最后阶段。你的人生目标和更大的人生意义就会很清晰地呈现出来。在种植阶段，你可能已经对这种感觉有一定的了解。不过，一旦进入最后阶段，你就能充满信心地用一句话说清楚这种感受。

"一旦知道自己的人生意义，你就能激发内心力量，点燃所有创意。你知道自己的生存理由，而知道生存的理由、活出生命的精彩，你就能体验到世界上最美好的感受。"说完之后,农夫走向右边的路。他接着说:"我得去帮另一个迷路的人。但是我走之前,我还想跟你说,上帝有很多关于你的大计,不要放弃。你对这个世界很重要。千万、千万、千万不要放弃,好吗?"

"好的。"乔希一边回答,一边点头表示同意。

"要是知道了最后阶段是什么阶段,别忘了回来看看我。"农夫一边走一边说,没过一会儿就消失在迷宫里了。

第二十二章

Y 流程，化繁为简

Y 流程

—

对愿意服务、成长和发挥自身价值的人来说，

小 y 会造就大 Y

在回家的路上,达摩听到了它最喜欢的两种声音——乡村音乐和乔希的声音。从农夫身上所学到的,乔希一五一十地向达摩讲了一遍。达摩听着乔希说话,开心地放弃了把头伸出窗外的机会。乔希跟达摩说了成长过程和"四个阶段"。农夫向乔希解释了前三个阶段,让乔希自己弄明白第四阶段是什么阶段。乔希向达摩复述了前三个阶段:

第一阶段:准备阶段
第二阶段:种植阶段
第三阶段:成长阶段

对达摩来说，这很有道理。但是它想这个过程应该另取一个名字，更简单化。它觉得应该称之为"Y流程"。毕竟，狗儿喜欢把事情简单化。

它早就知道，人生来就是为了实现更大的人生意义。在找到自己的人生意义之前，人只需要心甘情愿地被差遣，所有付出都是为了实现更大的人生意义。它发现这是一个很好的筛选过程。愿意以被差遣为代价去发挥自身价值的人，都能获得发挥自身价值的机会和资源。愿意在小事上贡献力量的人，成长之后都能在大事上作出贡献。Y流程把一切变为可能。

在寻找为何而生的答案、追寻"Y"（即人生目标和人生意义）的时候，人需要从生命中的小"y"做起，这是发挥自身价值的一种方式。人可以在工作中或者在工作外，从小"y"做起。毕竟，有的人没有工作，但是每个人都能发挥自身价值。关键在于，一旦你开始从小"y"做起，决定贡献自身力量，你就会经历那四个阶段，然后找到自己的人生意义，实现生命中的大"Y"——你生来就有、属于你自己的独特的人生意义。

Y流程真的很简单。对愿意服务、成长和发挥自身价值的人来说,小y会造就大Y。换句话说,服务的热情和发挥自身价值的欲望把小y变为大Y,也就是终极目标。

乔希即将发现,虽然这个概念看起来不难理解,但实际上知易行难。

第二十三章

有意义地服务、创新和沟通

父亲的启示

———

芥末种子是最小的种子,却能长成最大的植物

乔希回到了办公室,他希望老板会很高兴。可老板不单单是高兴,听到乔希决定回来工作、重新开始的时候,老板心里简直乐开了花。老板先是拍手大叫"太好了",接着从办公椅上站起来和乔希击掌,用力地抱了抱乔希。他不只是把乔希当成员工,还把他当亲儿子一样看待。虽然一直希望乔希可以回来工作,但他也做了最坏的打算。

"我们可想你了。你回来真是太好了。我多害怕失去你呢。"老板说。

"你没有失去我。你只是得到了更好的我。"说完之后,乔希感谢老板安排假期,"两周假期真的很有用，帮我厘清了头绪。"

"能帮到你，我很高兴。"

"对我太有帮助了，简直改变了我的人生。"乔希一边回答，一边点头表示同意，"再次谢谢你。我已经准备好回来工作了。"说完之后，乔希又一次和老板击掌。然后乔希走出老板办公室，回到自己的座位。他的同事一直关注着他的一举一动。

坐下之前，乔希拿了一个装有土壤的花盆，把农夫给他的种子种在了花盆里，然后把花盆放在了办公桌上。以前他的父亲总是说，在所有的园林植物中，芥末种子是最小的种子，却能长成最大的植物。所以，他把花盆放在办公桌上就是为了提醒自己，虽然服务他人往往只是小事，但是世界上所有的小事，都是和大事联系在一起的。

他默不作声地坐了几分钟，整理思绪，下定决心在以后的工作中活出与众不同的自己。只是出勤，远远不够。只有带着服务的热情和目标，他才能在工作中脱颖而出。他不再误认为自己只是一件家具，也不只是墙上的一块砖。他研究了在市场上表现出色的企业，发现正是小事造就了它们在同类企业中的过人之处。比如，勒斯·施瓦伯轮胎公司（Les Schwab Tires）的员工一看到客户开车来服务中心，就会习惯性地跑到外面迎接客人。这种方式给客人传达的信息是，员工不嫌麻烦，只要能让客户满意，什么事他们都愿意做。美国快餐连锁店福乐鸡（Chick-fil-A）周日不营业，这种经营模式也是独树一帜。美国大众超级市场公司（Publix Super Markets）的政策规定，如果客人询问某一商品的摆放位置，员工必须把客人带到对应商品的货架通道，并且指出商品的具体位置。他们不能只是告诉客人货架通道号码，而是必须保证客人找到对应商品。有的医院会给就诊过的患者打电话，了解诊疗服务的满意度。乔希认为，如果企业和组织可以下定决心提供优质服务，那么个人也可以独辟蹊径、独树一帜。

他当过乐手，而工作就是他现在的舞台。他有自己的音符要弹奏，已经决定尽己所能把这个音符弹奏好。为了实现与众不同，他能做到的是：

1. 不能太忙，要留点时间帮助团队成员。如果他们需要帮忙，要第一时间伸出援手。

2. 成为团队中最勤奋的成员。

3. 当团队成员面临赶进度的压力时，要给他们创作并演唱有意思的励志歌曲，鼓舞团队士气。

没过多久，乔希发现，当他决定在工作中留下自己独特的印记，并且通过独特的方式展现自己之后，周围的人都注意到了。有的同事觉得相比之下自己显得很逊色，因为乔希不仅把自己的项目做得很好，而且给同事的项目帮了很大的忙。其他同事也很认可他的工作和付出。有一位同事叫金，和乔希在同一个部门工作。金以为乔希去了水疗中心养生，因为乔希回来之后整个人变得容光焕发。"我没去做水疗。"乔希说，"我只是做了一个选择。我是应该为了钱而工作，还是应该发挥自身价值呢？我最终决定在工作中发挥自身价值。"

乔希深信，人累坏不是因为工作太忙，而是因为忘记了从事这份工作的初衷。自己在餐厅工作的经历，以及哥哥投身慈善事业的经历，提醒了乔希自己对服务的热爱。正是这种服务心态，改变了他的人生。他不再只是为公司工作，更多的是在工作中服务他人，帮助他人成为更好的自己。他在工作中学习和成长，为了获得比自己的老板和首席执行官更高的地位而努力。他不介意某些上司或者同事对自己的负面评价，不关心他们的心情，也不在意他们对自己工作的认可度。他决定，不为观众而活，要为自己而活。

虽然公司手册列明了乔希所在职位的职务说明，但是乔希给自己制定了新的工作要求，摆放在办公桌上。乔希心想，工作和目标是两回事。虽然没有工作也可以有目标，但是他决定把工作作为实现目标的工具。他对自己的工作要求很简单，就是"有意义地服务、创新和沟通"，这足以为他造就一切可能。

第二十四章

让所有人都种下自己的种子

乔希的做法

—

帮助团队所有人找到存在的意义,
营业额自然而然就会上涨

一年过去了，乔希还是像刚回来的时候那样充满热情和活力。他看着办公室里的那棵植物，发自内心地笑了。种子和他一起成长，现在已经长成一棵植物。还好他现在有自己的办公室，能放得下这棵植物。他的老板升职了，他接替了原来老板的位置。尽管新的办公室很大，他还是觉得待在办公室外面和自己的团队一起更舒服。

　乔希知道自己的团队不太关心团建活动，而更关心能不能做自己喜欢的工作。毕竟在团建活动和企业聚会中，每个人都能玩得开心。谁不喜欢玩呢？重要的是，工作的时候开不开心呢？工作有没有意义呢？

在工作中有没有收获呢？乔希极力营造一个孕育人才的工作环境，帮助团队所有成员都能种下属于自己的种子。

乔希的做法引起了公司管理层对乔希及其团队的关注。在公司高层会议中，在座高管纷纷把关注点放在乔希身上，讨论了他的出色表现。乔希开始明白，一旦开始寻求让他人过得更好的机会，你的人生意义就会开始呈现，你自己也可以实现美好梦想。关键在于你找到人生驱动力。对乔希来说，他的人生驱动力就是他的个人信念和人生意义。他不是嘴上说说，他是真的为此而活。

乔希开始在心里形成一个观念：存在的意义是个人和组织的生存驱动力。他研究专注于发挥自身价值的组织，发现了一些拥有强大驱动力的企业。其中他最欣赏的公司是一家有机乳品公司。他和这家公司的管理层在电话中交流过，发现这家公司竟然没有制定目标营业额，反而非常专注于发挥自身价值。当然，这家公司也还是会进行销售收入预测和评估，但管理层认为，销售数字只是衡量公司的生存能力与自身价值的指标和副产品。

这家公司不追求营业额，反而致力于为农民提供就业机会，帮助土地资源可持续利用，为家庭提供不含激素和抗生素的健康乳品。这家公司的营销副总监告诉乔希，如果公司一味追求营业额，而员工达不到目标，他们就会产生挫败感，士气和积极性都会大幅下降。乔希认为，如果营业额持续上涨，追求营业额也未尝不可。但是，如果营业额下跌，员工士气低落，只追求营业额只会适得其反。

如果一家公司把重心放在存在的意义而不是销售数字的话，所有员工都会充满热情和活力，这股能量还能提高工作绩效和经济效益。有趣的是，通过这种经营理念，这家公司的营业额和利润逐年攀升。员工也会进行销售收入评估，但这并不是他们的工作重点。存在的意义才是他们的首要关注点。一旦找准了首要关注点，营业额自然而然就会上涨。

乔希发现，销售数字并不能激励员工，反而是找准公司员工的存在意义可以带动销售数字增长。他不知道这种经营理念能不能用于自己所在的公司，但是他有种感觉,这些想法可以成就更大的事业。什么时候可以用上这些想法,就不得而知了。他只是有种感觉,这些想法是自己未来的一部分。

正如农夫跟乔希说的,想法、事件和情境会在他的成长过程中出现。他现在就在成长阶段,这意味着,他会遇到各种磨炼自己成长的情况。不过,这也意味着他会遇到困难。

第二十五章

在逆境中鼓起勇气

在逆境和爱唱反调的人面前，鼓起勇气
追逐自己的人生意义，活出生命的精彩

几个月之后，在一次公司高层会议中，乔希向在座高管展示了那家乳业公司的经营理念。他称之为意义导向型目标。他建议公司把重心放在存在的意义而不是销售数字上。当其中一个"能量吸血鬼"（乔希取的绰号）高管问一家公司存在的意义是什么时，乔希说："作为一家公司，应该有意义地创新和服务。"他告诉在座的高管，一家公司存在的意义应该是带动企业整体运作的驱动力。他向在座高管展示了幻灯片——"有意义地销售""有意义地生产""有意义地沟通"。他还跟在座高管说，这些都是自己个人工作背后的驱动力，应该可以带公司迈向新高度。

首席执行官很喜欢这种经营理念，但是有几位高管不太认可。大家意见不一。首席执行官让乔希更深入地介绍这种经营理念并提供一个适合公司发展的具体实施方案。乔希知道，如果这事成了，自己就会在职场上青云直上，要是不成，就前功尽弃了。在展示这个经营理念之前，他还没意识到这一点。不过，他现在已经把自己和职场生涯放在赌桌上了，没有后退的余地。他也没有后备计划，有的只是分享内心想法的欲望以及把想法变为现实的信心。

在接下来的几个月里，达摩发现乔希经常在电脑前工作到很晚。每次它都会躺在乔希旁边，让乔希知道它在全力支持他。在忙些什么，遇到什么挑战，乔希都会跟达摩说。农夫曾经说过，在成长阶段会遇到困难。所以，乔希不断提醒自己，挫折是这个过程不可或缺的一部分。

"知道自己的人生意义是什么，是一大挑战，但是更大的挑战是，在逆境和爱唱反调的人面前，鼓起勇气，追逐自己的人生意义，活出生命的精彩。"乔希跟达摩说。

乔希也有过很多自我怀疑的经历，他扪心自问："我有什么能耐负责这个重要计划呢？"更糟糕的是，他最大的敌人，也就是公司管理层的两位高管，经常问他同样的问题。乔希和他的团队在公司内部开展品牌宣传活动的时候，他觉得总有人在背后质疑他的能力，还试图推他下台、破坏他的计划。承担的责任越大，就有越多旁观者想看他失败时候的样子。每一份成功的背后，都是阻力和挣扎。每前进两步都要后退一步。

尽管遇到诸多挑战，乔希还是有种感觉，自己走对了路。他感觉有一股力量推着他往前走，带着他克服内心的挣扎。他相信，所有事情都是事出有因的。每当他想要退出和放弃，就会有一个认可他工作的人给他打电话，电话中的肯定和鼓励就会激发他的工作热情，他又能挺过一天。

不过，在公司内部开展品牌宣传活动的六个月之后，乔希好像失去了坚持下去的意志。他走进公寓的时候，达摩就感觉到不太对劲儿。他不只是累了，就连精气神也没有了。达摩走向乔希，想让他开心起来。

不过，即使达摩把球扔在地上再捡起来，乔希脸上也没有露出一丝微笑。乔希跟达摩说，自己刚刚参加了公司高层会议。销售收入评估显示，他负责的品牌宣传活动不仅没有提升销售额，反而减少了。营业额大幅下降，很多人归咎于这个品牌宣传活动。乔希跟公司管理层说，由于思维模式和行事方式的转变，这种情况是肯定会出现的。乔希向管理层争取多些时间，把重心放在存在的意义而不是销售数字上。但是大家对他的请求充耳不闻，反而可能会终止这个计划。那天晚上，乔希没在电脑前工作，也没听音乐。他还没脱衣服，就一头倒在床上，睡着了。

第二十六章

捍卫梦想

乔希

—

不管结果如何,都会朝着梦想指引的
方向成长

乔希一开始打算第二天不去公司,准备打电话请病假。但是第二天醒来的时候,他改变了主意。他又做了同一个梦,梦见自己把种子种在了办公桌上的花盆里,后来把植物拿出花盆,种在了广阔的田野上,植物慢慢长大,直到果实开始从树上掉下来。他开始明白这个梦的寓意。他把自己这颗种子种在了身处的地方,种在了当下,开始慢慢成长。他还不确定,果实从树上掉下来有什么寓意。不过,这个梦让他想起农夫曾经说过,有太多的人在成长阶段就放弃了。农夫还说过,到了即将进入最后阶段的时候,很多人也放弃了。乔希看着达摩,意识到现在放弃太早了,会通不过考验。他的人生意义和生活热情一定比他的挑战更重要。还没能捍卫个人信念，他可不能放弃。坚定决心之后，乔希决定照常上班，把自己的职场生涯和前途放在赌桌上。正如乔治所说，如果不成，乔希就得找一家新公司重新开始。但是乔希知道，要是成了，他就能体验到世界上最美好的感受。不管结果如何，乔希都会朝着梦想指引的方向成长。他拿起吉他，弹奏起邦·乔维（Bon Jovi）的《活在祈祷中》（*Livin' on a Prayer*）。

一个小时之后，乔希走进办公室，他觉得梦很重要，不管是睡梦还是梦想。不过，只有梦想才能点燃灵魂，激励你实现从未想过有可能的事情。"我的计划是值得追逐和捍卫的梦想。"他坐在办公室里一边想，一边准备和他的老板以及首席执行官开会的内容。

第二十七章

克服困难,夺取胜利

乔希的行动

—

相信沟通的力量,理解自己在地球上
生存的理由

"overcome（克服）"这个词的一个定义是"感到无能为力"，另一个定义是"夺取胜利"。走进首席执行官办公室的时候，乔希感到无能为力；但是走出来的时候，他万分得意。他强烈的热情和信念打动了首席执行官。首席执行官决定多给他六个月的时间证明这个计划可以取得成功。他同意乔希的观点，这个计划需要多些时间渗透整个组织。

在接下来的几个月里，乔希学习到关于如何在公司内部实现变革的第一手经验。只分享内心想法，远远不够。关键在于，要与人脉资源丰富、善于传播想法的人建立良好的关系。因为自身的成长环境，乔希早就应该明白这个道理。毕竟他的家人们相信，生命中的一切都离不开人际关系。但不管怎样，经验永远是最好的老师。

乔希也培养出一种热情，喜欢用改变的思维打动他人。他发现，只要改变人的信念和行为，就能改变他们的生活和事业。最重要的是，为了证明这个计划可以取得成功，他内心的挣扎一直在磨炼他的沟通技能。

挑战带来成长，延误带来勇气。相信沟通的力量，成为他的另一个人生驱动力。正如农夫跟他说的，他的人生意义已经越来越清晰了。虽然他还不能用一句话说清楚，但是他有生以来第一次理解了自己存活于世的理由。

第二十八章

计划见效,实现自我

每个人都有一颗等待播种的种子,种下之后
就需要支持、养分和光照

六个月过去了，事实胜于雄辩。乔希不仅用行动说服了工作中的批评者，而且克服了追寻人生意义过程中的恐惧、失落和困难。

乔希的计划开始见效，客户量不断增加，营业额持续上涨。乔希也收到很多同事发来的电子邮件，感谢乔希积极正面地影响了他们的生活。把重心放在存在的意义之后，他们的工作状态有所提升，家庭生活也有所改善。乔希发现，在组织或者家庭里，只要有一个人决定做出积极正面的改变，周围的人就会有更好的生活。乔希积极正面地影响了同事的家庭，他自己也觉得有所收获。

客户和客户公司的员工们也开始认可这种经营理

念。乔希应邀在不同客户举办的各种活动中发表演讲，谈论意义导向型目标的重要性以及存在的意义对组织内部成员的影响。乔希不仅用改变的思维打动了公司内部的成员，而且触动了其他公司的员工。乔希的职场生涯终于柳暗花明又一村，开始迈向新高度。

下班之后，乔希和公司管理层一起参加了庆功宴，回到公寓看到达摩。乔希看着窗外，感受到城市的快节奏。很多人还是漫无目的地在城市中穿梭，但幸运的是，他不再像这些人一样觉得麻木和迷失。他拿起吉他，想起了所有曾经鼓励他、帮助他走到这一步的人。他心想，每个人都有一颗等待播种的种子，种下之后就需要支持、养分和光照。他相信每个人都有来到这个世界的理由。指导我们的人、鼓励我们的人、给我们建议的陌生人，都能滋养我们，给我们的灵魂提供养分，给我们的种子提供成长所需的光照。幸运的是在人生路上有高人指点和贵人相助。他很期待在理解最后阶段之后再去见到农夫。接着，乔希闭上眼睛，弹奏起《天国的阶梯》（*Stairway to Heaven*），把这首歌送给自己唯一的粉丝——达摩。

第二十九章
新名字,新寓意

乔舒亚

———

进入人生的新阶段,慢慢成为应该成为的人

达摩的名字和其他狗不一样。一般宠物狗的名字来来去去就是巴迪、马克斯、普琳西丝、蕾蒂、西泽、黛西等，达摩这个名字不太常见。很多人已经忘记，每个名字都有寓意。3000年前，当一个人进入人生的转型时期，名字也会改变。①改名，既反映了自己的转型时期，也反映了自己的人生使命。新的名字也有新的寓意。比如，约瑟夫（Joseph）意指"上帝还会再赐予"，马修（Matthew）意指"上帝的赠礼"，戴维（David）意指"挚爱的"，凯瑟琳（Kathryn）意指"纯洁的"。

乔希有个朋友的小孩儿叫科阿（Koa）。科阿意指"无所畏惧的"。达摩知道自己的名字也有寓意。达摩意指"人生使命"或者"你的人生意义"。是的,它知道自己的使命,就是无条件地爱人,让人知道什么是无条件的爱。乔希就是达摩的使命,达摩对乔希的爱重于一切。

乔希的名字也有寓意。乔舒亚(Joshua)意指"上帝所援救"。在过去几年里,乔希在人生的转型时期中变得越来越成熟。所以到了现在,达摩不难发现,乔希更喜欢别人叫他乔舒亚而不是乔希(Josh)。这完全合情合理。乔希正在进入人生的新阶段,慢慢成为应该成为的人。他的人生使命很清晰。最激动人心的莫过于,狗或者人实现自己名字的寓意。

第三十章

硕果累累

乔舒亚成为业界领袖

通过沟通和意义的力量,积极正面地改变人的
心灵、思想和行动

乔舒亚站在台上对着麦克风，拿着吉他，看着台下的观众。几千人正在等着他说话。他都不敢相信，离老板给他最后通牒、农夫给他种子、飞行员给他视角、所罗门给他希望、过去给他礼物、乔治给他迹象，竟然已经过去五年了。

意义导向型目标的发展计划成功之后，乔舒亚的工作和生活都发生了巨变。他不只是公司内部成员，还成了业界思想领袖。首席执行官让乔舒亚在博客平台上分享自己的人生哲学。乔舒亚使用的是独立于公司之外的博客账号，但是这个账号把公司定位成业界的先行者。

乔舒亚把自己的博客命名为"种子",里面包含了自己对于追寻人生意义并在生活、公司和事业中成长的所有思考。就像种子一样,博客的浏览量和关注量迅速攀升,乔舒亚的知名度也在提高。他担任过很多品牌推广、商务沟通和市场营销大会的特别演讲嘉宾。这也是他今天站在台上的原因。

乔舒亚问观众过得怎样,观众回答"很好"。乔舒亚微笑回应。他知道,五年前自己不仅把种子种在了办公桌上的花盆里,并且种在了自己的心里。这颗种子先是变成了他的目标,接着变成了他的使命,然后变成了他为之而活的梦想。

乔舒亚弹奏起吉他,唱起一小段:"梦想可以成真,梦想可以在你身上成真,只要你愿意追寻你的人生意义。"全场欢呼。

乔舒亚抬起头,露出微笑。他不该当牧师,也不该当乐手。他就应该做他现在做的事。过去所有的经历,都是让他做好充分准备迎接这一刻,来实现和分享自己的人生意义。他正在弹奏自己的音符,贡献给宇宙之歌。他放下吉他,拿起麦克风,满怀热情地说:"如果你真的想成功,那么发挥自身价值的欲望就必须比追求物质财富的欲望更强烈。这样才能二者兼得。"

再度响起的欢呼声提醒了乔舒亚,自己的人生意义是什么。现在,他的人生意义很清晰,他可以在电梯里跟一个素未谋面的人分享:"通过沟通和意义的力量,积极正面地改变人的心灵、思想和行动。"他获得了沟通的天赋,通过发表演讲、传播音乐、撰写文章、市场营销、品牌推广的方式,积极正面地影响他人。他发现,组织想要改变,人就要改变;人想要改变,信念就要改变。不同的信念会带来不同的行为,而不同的行为也会带来不同的习惯和新的结果。他想改变世界,但是他知道,改变世界需要从改变一个人开始。改变背后的驱动力就是意义的力量。

每个人都有独特的天赋和意义。乔舒亚利用沟通的力量,帮人追寻、找到、实现、分享属于自己的人生意义。他跟台下所有的观众和所有遇见的人分享了自己生命中的发现。如果你把自己这颗种子种在当下,并且决定发挥自身价值,那么你就不用再刻意追寻你的人生意义,你的人生意义自然会找到你。

他跟观众说:"我们总是以为,只要我们的生活很刺激,我们就会感到兴奋。但是其实反过来才是对的。只有我们对生活感到兴奋,生活才会变得刺激。

"热情和意义就像是住得很近的好朋友。它们总是一起出现。如果你决定带着热情,全身心地投入生活和工作中,你就会找到你的人生意义。如果你还带着明确的目标,你就会释放你的热情。如果你带着热情和目标,全身心地投入工作中,你全身的细胞都会沸腾起来。"

在演讲中,乔舒亚最喜欢的部分是故事分享。他认识很多成功找到并愿意分享自己人生意义的人,他喜欢跟观众分享这些人的故事。比如,有个推销员的业绩一直处于公司榜首,因为她的目标是把更多赚到的钱捐给慈善组织;有个企业家把创业作为挥洒热情和实现目标的工具,他现在不仅赚了大钱,而且改变了无数人的生活;有个房贷公司的贷款专员的工作是拯救别人的婚姻,因为保住他们的房子相当于保住完整的家庭,她也如愿以偿在业界占有了一席之地;有家牙医诊所把"微笑待客"作为存在的意义；有个橄榄球专业运动员说过自己存在的意义是在橄榄球场上歌颂上帝。

不管在哪儿，周围的人都会向乔舒亚分享自己的故事。乔舒亚见过各行各业的人——会计师、艺术家、医疗专业人士、建筑师、建筑工人、运动员、教育工作者、家庭主妇等。他们都会向乔舒亚分享，为了实现更大的人生意义，自己如何发挥独特的天赋。世界上形形色色的人才，以及人才汇聚形成社会的方式，让乔舒亚大开眼界、获益良多。"想象一下，"他跟观众说，"如果每个人都有相同的天赋和才能，每个人都有相同的人生意义，我们就不能形成一个良好运作的社会。你生来就有一个使命，不只是为了让你为此而活，还是为了让你完成比你自己更重要的使命。你生来就是要为他人和世界贡献自身力量的。我们每个人都是邻居、同事甚至其他人的才能和使命的受益者。不追寻你的人生意义，不实现你的人生意义，相当于否认你跟他人分享的天赋。"

乔舒亚不仅影响了自己所在的公司，他现在的影响力遍及世界各地的组织。他收到很多赞美他的电子邮件，也听到很多精彩的故事——都是关于他的人生哲学和经营理念如何影响其他人的生活和工作的。当他的影响力扩大到一定程度的，首席执行官向他抛出了橄榄枝。

演讲之后，乔舒亚回到家，一边吃饭，一边跟达摩说自己最近的所见所闻。达摩一边吃，一边听。首席执行官给了乔舒亚两个选择。乔舒亚可以成为公司的首席运营官，或者他也可以成立自己的咨询公司，他现在所在的公司会是他的第一位客户。公司管理层知道他的能力已经超越他现在所在的职位范围，但并不想失去这个人才。无论他做出何种选择，管理层都很高兴能和他继续共事。

这两个选择都意味着会赚到很多钱，但是乔舒亚不在乎钱。只要弹奏好自己的音符，贡献给生命的交响曲，金钱、快乐和友谊就会源源不断地来到身边。

乔舒亚摸了摸达摩的背，然后走到窗前，看着窗外的植物。那颗植物已经大到他的办公室都放不下了，所以乔舒亚把它种在了公寓外面的花园里。花园

第三十章　硕果累累

The Seed

比较大，可以让它舒展根茎，继续成长。

"我想我理解人生意义的最后阶段了。"乔舒亚高兴地对达摩说。乔舒亚想起了农夫，记得农夫跟他说过，在理解最后阶段之后再回去看看。他看着镜子里的自己，发现自己在过去五年里变了很多。他曾经迷失过，但是现在找回了自己。他决定回到这趟旅程的出发点。在感恩节期间，他有一周假期放松休息，看看家人，考虑未来的方向。他想回去看看农场，然后开车回父母家，就像五年前一样。但是这次回去，他的心境变了。

第三十一章

万物之季

农夫的使命

自己的人生意义就是
帮助他人实现他们的人生意义

四季告诉我们,世间万物皆有时节和意义。准备、种植、成长、收获,皆有定时。

乔舒亚回到农场的时候,土地休耕,准备迎接冬天,等待下一个种植和成长的季节。他了解季节的意义。他在自己的成长过程中,经历过准备阶段、种植阶段和成长阶段。他现在正处于最后阶段,体验着世界上最美好的感受。

乔舒亚走在农场里的时候,达摩在车里等他。这天很冷,阳光充足。农场就像大地一样,宁静无声。曾经巨大而可怕的玉米田迷宫,变成了生命周期的牺牲品,剩下的只有毫无生命气息躺在地上的玉米秸秆。

乔舒亚走向农舍,希望能看到农夫。离上次来这儿已经过去五年了,乔舒亚知道农夫可能早就不在这儿了,但他觉得碰碰运气无妨。毕竟,农夫改变了他的人生。在这个感恩的季节,他很想跟他说一声谢谢。

农舍里空无一人,只有几件家具、一些玉米田迷宫的文化衫和纪念品,还有墙上的几张照片。乔舒亚走到其中一张照片前,发现照片里的人就是他在迷宫里见过的农夫。他看着照片的时候,一位老妇人从厨房和餐厅走出来。五年前,他和朋友还曾在这个餐厅里吃过午餐。

"那是我的丈夫保罗。"老妇人说。乔舒亚有点儿尴尬,因为他不知道农夫的名字。他早就应该问一下的。

"他在哪儿呢?"乔舒亚问,"我经常想起他,希望能跟他聊聊。"

老妇人脸上露出一丝微笑。"我也很想跟他聊聊。其实,我经常跟他说话,只是他不回答我。"

"他生病了吗?"乔舒亚问。比起告诉农夫自己已经理解最后阶段,乔舒亚现在更关心农夫的健康状况。

老妇人沉默了,不禁热泪盈眶。"我的保罗走了。"

老妇人说，"他过世了。他是一个了不起的人。我很想他。他是我最好的朋友。"

"我真的很遗憾。"乔舒亚一边说，一边双手合十放在胸前。他不知道还能说些什么了。他看着照片，陷入了难堪的沉默中，脑海里都是农夫那像年轻人一样容光焕发的脸和亮晶晶的蓝眼睛。

"我这次回来就是想看看他。"乔舒亚伤心地说，"我很想感谢他改变了我的人生。五年前我遇到他的时候，我的人生迷失了方向。但是我现在知道自己来到这个世界的理由了。"

老妇人的眼泪变成了笑容。这已经不是她第一次听到关于丈夫的好话。老妇人面向乔舒亚，用瘦弱冰冷的手摸了摸乔舒亚的脸。她说："年轻人，我的丈夫已经过世十年了。"

"你的意思是——你确定吗？我五年前在迷宫里见过他，当时两周内又见过他一次。"乔舒亚一边说，一边思考可能的解释。他心想，也许是老妇人上了年纪，已经失去了时间概念。

"我很确定。"老妇人说。她还说出了农夫的忌日。

乔舒亚摇了摇头。他知道有些事情是无法解释的。但是这种事一般发生在别人身上，他自己从未有过这样的经历。

想到丈夫积极正面地影响了他人的生活，老妇人不禁泪如泉涌。

"是的，又是一波收获。"老妇人自言自语，"爱会继续传递。"这已经不是她第一次见到过来农场感谢保罗的人。她见过很多人来到农场说在迷宫里见过她的丈夫。她每次听到这些话都不禁落泪，不是因为伤心，而是因为高兴。

"说实话，你不是第一个跟我说这些话的人。"老妇人试图打消乔希的疑虑，"放心吧，你没疯。很多人在迷宫里见过我的丈夫。他的躯体可能已经不在，但他还在这儿种植种子。一开始，我以为这些人疯了。但是来的人太多了，我才发现可能是我疯了，因为我不相信。

"保罗在世的时候很喜欢做两件事儿——种植种子和讨论人生意义。说到人生意义，他可以说个不停。他被人生意义深深地迷住了，他会把关于人生意义四个阶段的想法写下来。我不太懂,但是显然有一群人懂他在说什么。他经常说自己的人生意义就是帮助他人实现他们的人生意义。他很喜欢帮助迷失的人。他帮过的人都回来跟我说,保罗改变了他们的人生。他只是在做一件自己一直很喜欢做的事。他一直在种植爱的种子,传递爱的力量。年轻人,你是他的收获。"老妇人一边说,一边把手搭在乔舒亚的肩膀上。

"我叫乔舒亚。"乔舒亚一边说,一边抱了抱老妇人,"感谢你跟我说了这么多。我很遗憾你失去了他。不过,我很感激你的丈夫还在种植种子。"接着,乔舒亚和老妇人走出门口,走到农舍的门廊。从这儿往外看,乔舒亚可以看到迷宫的一部分,也就是他遇到农夫的地方。这是真的吗?这是现实还是幻象呢?这都不重要。种在他心里的种子是真的,他生命中的改变是真的,他发挥的影响力是真的。他很想跟农夫说,最后阶段是什么阶段。但是他有种感觉,农夫早就知道他已经找到答案。跟农夫的妻子道别之后,他慢慢地走去停车的地方,一边大口呼吸新鲜空气,一边看了农场最后一眼。农场可能正准备冬藏,但乔舒亚才开始秋收。

第三十二章

你生命中的果实,会变成他人种下的种子

乔舒亚的人生收获

—

你生命中的果实,会变成他人种下的种子,
鼓励他人追寻人生的意义

开车离开农场的时候,乔舒亚告诉达摩,他经历的最后阶段是什么阶段。乔舒亚经历过准备阶段、种植阶段和成长阶段。他现在正处于最后阶段,也就是第四阶段。第四阶段是收获阶段。到了收获阶段,你在考验中经历的所有准备、努力、成长和信心都会开花结果。"自己种下的种子,可以在这个阶段收获了。"

"在收获阶段,人生意义已经很清晰,可以用一句简单的话说清楚。"乔舒亚跟达摩说。这是硕果累累的时候。在这个阶段,你什么都不缺。你再三付出之后,内心就会被收成填满。每一份付出的努力,都会有倍增的收获。对他人提供的帮助和对世界作出的贡献，都是生命中的果实，而这些果实就会变成他人种下的种子。

"当你进入收获阶段，你回头看看就能发现，所有阶段都是紧密相连的。你的过去让你做好充分准备把自己这颗种子种下来。种植之后，你才能成长。成长之后，你的人生才能开花结果。你生命中的果实会变成改变他人人生的种子。每个阶段持续的时间因人而异，但是每个人都要经历这个生命周期。生命周期也是有意义的。把自己这颗种子种下来之后，你的人生才能开花结果，你生命中的果实才能帮助他人成为他们应该成为的人。一旦其他人愿意把自己这颗种子种在当下，一个新周期就开始了，而他们的人生也会开花结果，帮助更多人。我是农夫生命中的果实，而我影响的人是我生命中的果实。"

现在，乔舒亚终于明白那个梦的寓意。他活在一个为自己和他人的成长而设计的体系里。那个梦的寓意是，只要手上和心里有种子，你的人生就能开花结果，但前提是你必须把种子种下来。你必须把自己这颗种子种下来，因为种子只有深植地下，才能开花结果。你必须经历这个过程,而经历这个过程的时候,你的人生小意义会逐渐成长为你的人生大意义,你会在一片更大的田地上成长,你的人生也会开出更美的花朵,结出更甜的果实。

乔舒亚回首过去,展望未来。他知道,在自己的准备阶段、种植阶段、成长阶段和收获阶段,自己都不是唯一的受益者。他的人生开花结果,是为了让所有人都能品尝到他们的天赋、才能、工作和生活结出的果实。

乔舒亚想起了首席执行官给他的两个选择。他还是不确定应该走哪条路。但无论走哪条路,他都能积极正面地影响他人的生活;无论做哪份工作,他都有更大的舞台继续成长,结出更多的果子。无论做哪个选择,他都能实现和分享更大的人生意义。他不想仓促地做出决定。他会耐心地等待和寻找迹象,迹象会帮他做出正确的决定。眼前有路在等着他,他知道自己只需要跟着迹象,就能做出正确的决定,走上正确的路。

乔舒亚开车上了宽阔的公路,抬头看了看远方。

他决定，无论选择哪份工作都要继续种植种子，继续成长，给他人提供更多帮助，给世界作出更多贡献，给他人提供更多种子。他现在正处于收获阶段，并不代表他的成长已经结束。更多的成长意味着更多的果实和更多等待播种的种子。就像保罗一样，乔舒亚也会成为种子给予者。他会把种子交给其他人，鼓励他们追寻自己的人生意义。乔舒亚把收音机的音量调大，听到一首达摩最喜欢的歌，达摩用吠叫的方式表示认同。"所以，你怎么看，宝贝？我应该选择哪份工作？"生命中的一些事情，人应该自己想办法找到答案。

后记 Afterword

生命和你息息相关。若非如此,你不会来到这个世界。
- 你的出现并非偶然
- 你的存在事出有因
- 你的人生自有定数,你的命运自有安排
- 你有自己的人生意义
- 你有独特的天赋和才能
- 只有你才能用你自己的方式做一件事
- 只有你才能在世界上留下你自己的印记

生命不只和你相关。你要知道,你的存在也影响他人。
- 去爱人
- 去指导
- 去学习
- 去服务
- 去创造
- 去共事
- 去改变
- 为了他人和世界变得更好

生命不只和你相关。生命的意义不只在于生命本身。
- 为了实现更大的人生意义
- 为了实现更大的人生目标
- 为了造福自己的子孙后代

你要知道,你是比你自己更伟大的事物的其中一部分。
- 你活在一个宇宙里
- 宇宙意指"一首歌"
- 音乐的出现并非偶然
- 音乐的出现需要通过音符和节奏的编排
- 这首宇宙之歌是造物者的作品
- 你是造物者的自我表达
- 你是伟大交响曲的一个音符

生命和你息息相关!
- 你要为宇宙之歌作贡献
- 你要尽己所能弹奏好自己的音符
- 你要鼓励他人往前走
- 你要实现上帝赋予你的人生意义
- 生命就是,你、造物者、宇宙之歌,三位一体

生命和你息息相关,你的人生,由你决定。